PERFECT
PET
OWNER'S
GUIDES

飼育、生態、接し方、健康管理、病気がよくわかる

ハリネズミ
完全飼育

著——大野瑞絵
監修——三輪恭嗣 みわエキゾチック動物病院院長
写真——井川俊彦

SEIBUNDO
SHINKOSHA

目次

はじめに ……010

Chapter 1　ハリネズミを知ろう　011

ハリネズミの仲間 ……012
ハリネズミと分類 ……012
ハリネズミの仲間 ……012
ハリネズミ亜科のハリネズミたち ……014

ハリネズミの暮らしと行動を知ろう ……017
暮らしを豊かにするために ……017
ハリネズミの気持ちを理解するために ……017
ハリネズミの暮らし ……018
ハリネズミの「言葉」……020
ハリネズミの感覚 ……022

カラーバリエーション ……024
ハリネズミのカラーバリエーション ……024
カラーバリエーションの種類 ……026

コラム
針のある動物たち ……028

Chapter 2　ハリネズミを飼う前に　029

ハリネズミを迎えるということ ……030
ここが大好き、ハリネズミ ……030
ここが大変、ハリネズミ ……030
ハリネズミと暮らすにあたっての心構え ……033
ハリネズミと暮らすのに必要なもの＆こと ……036

ハリネズミを迎える方法 ……037
迎える時期 ……037
どこから迎えるか ……037
どんな子を迎えるか ……039
健康状態をチェックしよう ……041

ハリネズミと法律 ……042
動物愛護管理法 ……042
外来生物法 ……044
動物の輸入届出制度（感染症法）……045

コラム
日本で野生化したハリネズミ ……046

Chapter 3 ハリネズミの住まい　047

住まい作りの前に……048
快適な住まいを用意しよう……048
グッズ選びにあたって……049

飼育施設（ケージ）の準備……050
ケージ選びのポイント……050
タイプ別の長所と注意点……050

基本の飼育グッズ……052
床材……052
寝床……054
食器・水入れ……055

トイレ、トイレ砂……055

そのほかの生活グッズ……056
遊びグッズ……058

住まいのセッティングと置き場所……060
セッティングのポイント……060
住まいの置き場所……061

わが家の住まい紹介……062

コラム
作ってあげよう、あったか寝袋……066

Chapter 4 ハリネズミの食事　067

ハリネズミの食事を考えよう……068
未知数も多いハリネズミの食事……068
食事を考える前提として……068

栄養の基本を知ろう……070
栄養が体を作る……070
ハリネズミといくつかの栄養素について……072

ハリネズミの基本の食事……073
飼育下での基本メニュー……073
食事の与え方……074

ハリネズミの主食ペットフード……075
ペットフードの特徴……075
ハリネズミフード……076
そのほかのフード……079

動物質の副食……080
副食として動物質を与える目的……080
動物質の副食の種類……080
昆虫類の種類……080
昆虫類の与え方……082
ミールワームの育て方……083
コオロギの育て方……084
そのほかの動物質の与え方……085

そのほかの食べ物……086
野菜や果物など……086

食生活のプラスアルファ……087
食事のバリエーション……087
飲み水の与え方……087
ペットフードの保存……088
フードの切り替え……088
与えてはいけない食べ物……089

わが家の食事紹介……090

コラム
覚えておきたい、お手製・介護食……094

Chapter 5 ハリネズミの世話　　095

日々の世話……096
毎日の世話……096
随時行う世話……097

季節対策……099
季節対策の必要性……099
春や秋の季節対策……099
温度勾配をつけよう……099
夏の暑さ対策……100
冬の寒さ対策……101
ペットヒーターのタイプ……102
ペットヒーターの注意点……102

ハリネズミのグルーミング……104
ハリネズミに必要なグルーミングとは……104
爪の切り方……105
体の汚れの取り方……106

家を留守にするとき……109
ハリネズミの留守番……109

コラム
ハリハリ写真館　PART1……110

Chapter 6 ハリネズミとのコミュニケーション　　111

ハリネズミを迎えたら……112
迎える準備……112
落ち着くまでの接し方……113

ハリネズミの慣らし方……114
慣らすことの大切さ……114
慣らしポイント1：「におい」と「声」……114
慣らしポイント2：飼い主がリラックスしよう……115
慣らしポイント3：少しでも毎日、夜に……115
まずはケージの中で……115
部屋に出しての慣らし方……116

ハリネズミの抱き方……118
抱っこにあたっての注意点……118
抱っこの練習をしよう……119

ハリネズミとしつけ……120
トイレトレーニング……120
噛み癖……120

ハリネズミの多頭飼育……121
原則は1匹ずつ……121

ハリネズミと遊ぼう……122
暮らしに遊びを取り入れよう……122
ひとり遊び……123
室内散歩の必要性……124
室内散歩の注意点……125

わが家のコミュニケーション……127

コラム
ハリハリ写真館　PART2……130

Chapter 7　ハリネズミの繁殖　　131

繁殖の前に……132
繁殖は貴重な経験……132
繁殖は責任をもって……132
ハリネズミの繁殖データ……133
オスとメスの見分け方……134
繁殖させたい個体の状態……134

繁殖の手順と注意点　136
お見合い〜求愛・交尾……136
妊娠中……137

出産〜子育て中……138
離乳まで……140
起こりえる繁殖トラブル……141
人工哺乳……141

子ハリネズミの成長過程……142

コラム
ハリハリ写真館　PART3……144

Chapter 8　ハリネズミの健康　　145

ハリネズミの健康のために……146
健康を守るために大切なこと……146
動物病院を見つけておこう……147

ハリネズミの体のしくみ……148
ハリネズミの針……150
丸くなるしくみ……151

健康チェックのポイント……152

ハリネズミの病気……154
ハリネズミに多い病気……154
ハリネズミに多い病気：腫瘍……155
ハリネズミに多い病気：歯周病……157
ハリネズミに多い病気：ダニ症……159
皮膚の病気……161
目の病気……163
呼吸器の病気……164
消化器の病気……166
泌尿器・生殖器の病気……168

神経の病気……170
外傷……172
そのほかの病気……173
肥満……176
人と動物の共通感染症……179
共通感染症の予防……181

ハリネズミの看護……182
看護にあたって……182
高齢ハリネズミのケア……184

ハリネズミの病気　早見表……186

コラム
お別れのとき……188

参考文献……189
謝辞……191

はじめまして、よろしくね

ぼくたち、大人気なんだって

ずっとなかよくしてほしいな

さあ探検に出発だ

お友達が遊びにきてくれたよ

● はじめに ●

　トゲトゲの針が背中にありながら、とてもチャーミングなハリネズミ。今や大人気の小動物です。とはいえ必ずしも飼いやすいとはいえません。暑いのも寒いのも苦手で、偏食、慣れてもらうための努力も必要です。本書では、そんなハリネズミを健康に飼育するための、現時点でベストといえる方法を、三輪恭嗣先生のご監修をいただきながらご紹介しています。

　ハリネズミは個体差がとても大きい動物ですし、飼育ノウハウや獣医療も進歩中です。本書をベースにしながら情報収集を続け、皆さんのハリネズミに最適の飼育方法を見つけてください。それが未来のハリネズミたちにとって役立つ知見となるはずです。

　刊行にあたっては、飼い主さんをはじめ多くの皆さんのご協力や助言をいただきました。心より感謝申し上げます。

　この本が多くのハリネズミとその飼い主さんの役に立つことを願っています。

2016年12月　大野瑞絵

PERFECT
PET
OWNER'S
GUIDES

Chapter 1

ハリネズミを知ろう

ハリネズミの仲間

ハリネズミと分類

　ハリネズミは、哺乳類のなかの「ハリネズミ目」というカテゴリーに分類されています。

　すべての生物は、その外見的な特徴や進化の系統などに基いて分類されています。たとえば、ハリネズミとハムスターは「哺乳綱（哺乳類の分類学的な正式名称）」というくくりでは同じ仲間ですが、さらに分類していくと、ハリネズミは「ハリネズミ目」、ハムスターは「ネズミ目」という別の仲間になります。

　「ハリネズミ目」は「ジムヌラ亜科」と「ハリネズミ亜科」のふたつに分かれています。ジムヌラは、針は生えていませんが硬い被毛が生え、外見はハリネズミよりもネズミに似ている動物です。「ハリネズミ亜科」のなかには5つの「属」というカテゴリーがあります。私たちがペットとして飼育しているハリネズミは、そのなかのひとつ「アフリカハリネズミ属」に分類される、「ヨツユビハリネズミ」という種です。

　「ピグミーヘッジホッグ」という呼び名もありますが、これは俗称のひとつで、標準和名（日本語での正式な名称）は「ヨツユビハリネズミ」といいます。

　それぞれの種には属名と種名（種小名）で構成された「学名」がつけられています。学名は世界共通で用いられ、ラテン語で記載されます。ヨツユビハリネズミの学名は「*Atelerix albiventris*」といいます。

　動物の種類によっては「種」のなかが「亜種」に分かれています。たとえばトラには「ベンガルトラ」「スマトラトラ」など9つの亜種があります。

　「品種」という分類は家畜やペットなどの動物を、人為的に交配させて作ったもので、「イヌ」はチワワでもブルドッグでも「イヌ」というひとつの「種」ですが、「品種」という点では異なる品種です。

　ハリネズミの分類として、以前は「食虫目」という名称がよく使われていました。モグラやテンレックなども食虫目に分類されていたため、「ハリネズミはモグラの仲間」といわれますが、現在の分類では、異なる「目」に属しているのです。

ハリネズミの仲間

　ハリネズミの仲間（ここではハリネズミ亜科に属するハリネズミのこと）はアフリカ、ヨーロッパ、ユーラシア大陸に分布しています。

　日本には外来種としてマンシュウハリネズミなどが帰化していますが、自然分布はしていません。ただ、かつては日本にもハリネズミの仲間はいたようで、更新世（約180万～160万年前から1万年前までの間）の堆積物からハリネ

ズミの一種の化石が発見されているといわれています。

ハリネズミの仲間に大きな外見の違いはありません。脳や歯などの体のつくりが原始的で、背中に針をもち、身を守るために体を丸めること、精巣が腹腔内にあること、蹠行性（足の裏全体を地面につけて歩く）であることなどの共通点があります。

種ごとに比べていくと、耳の大きさ、針や被毛の色、指の数、針の断面や陰茎の形状、頭頂部に針のない部分があるかどうかなどの違いも存在します。

ハリネズミの仲間のうち最もよく研究されているのは、ヨーロッパに分布しているナミハリネズミです。ほかの種のハリネズミについてはあまりよく知られていません。ヨツユビハリネズミもペットとしてはすっかりおなじみになりましたが、野生下でどのような暮らしをしているのかはよくわかっていないというのが現状です。

昆虫類を主食としているハリネズミにとって、乱開発による自然破壊は命取りになりますし、イギリスのナミハリネズミのように人々のそばで暮らす種では、自動車事故も頻繁に起きています。国際自然保護連合（IUCN）が作成したレッドリスト（絶滅のおそれのある野生動物のリスト）では、ハリネズミのすべての種が「Least Concern（低懸念）」とされています（2015年4月版）。また、モリハリネズミとインドハリネズミの生息数は減少しているとされています。

ハリネズミの分類

ハリネズミ目　　Erinaceomorpha
　ハリネズミ科　　Erinaceidae
　　ハリネズミ亜科　　Erinaceinae

　　　アフリカハリネズミ属　Atelerix
　　　　ヨツユビハリネズミ（Four-toed Hedgehog）　A. albiventris
　　　　アルジェリアハリネズミ（North African Hedgehog）　A. algirus
　　　　ケープハリネズミ（Southern African Hedgehog）　A. frontalis
　　　　ソマリハリネズミ（Somali Hedgehog）　A. sclateri
　　　ハリネズミ属　Erinaceus
　　　　マンシュウハリネズミ（Amur Hedgehog）　E. amurensis
　　　　ヒトイロハリネズミ（Southern White-Breasted Hedgehog）　E. concolor
　　　　ナミハリネズミ（West European Hedgehog）　E. europaeus
　　　　-（Northern White-breasted Hedgehog）　E. roumanicus
　　　オオミミハリネズミ属　Hemiechinus
　　　　オオミミハリネズミ（Long-eared Hedgehog）　H. auritus
　　　　ハードウィケハリネズミ（Indian Long-eared Hedgehog）　H. collaris
　　　Mesechinus属
　　　　ダウリアハリネズミ（Daurian Hedgehog）　M. dauuricus
　　　　モリハリネズミ（Hugh's Hedgehog）　M. hughi
　　　インドハリネズミ属　Paraechinus
　　　　エチオピアハリネズミ（Desert Hedgehog）　P. aethiopicus
　　　　ブラントハリネズミ（Brandt's Hedgehog）　P. hypomelas
　　　　インドハリネズミ（Indian Hedgehog）　P. micropus
　　　　-（Bare-bellied Hedgehog）　P.nudiventris

【注】
ハリネズミの種類名称は、和名、英名、学名の順になっています。和名の記載がないものは、まだ和名がついていないためです。ハリネズミの情報を検索するさいには、学名や英名で検索すると、より多くの情報が得られることもよくあります。

"Mammal Species of the World: A Taxonomic and Geographic Reference"より

ハリネズミ亜科の ハリネズミたち

ハリネズミ亜科のハリネズミの共通点
- 背中に針をもつ
- 身を守るために体を丸めてボール状になる
- おもに昆虫食
- 単独性
- 夜行性
- 肉食動物や猛禽類が天敵

アフリカハリネズミ属

ヨツユビハリネズミ
南アフリカのセネガルからスーダン、ザンビアにかけて分布。乾燥地や低木の茂みなどに暮らします。平均体重は600g。食料が豊富な雨季の時期に繁殖します。ペットになっているのはアルジェリアハリネズミとの交雑種ともいわれています。

ケープハリネズミ
ジンバブエ西部からボツワナ東部、南アフリカ北部にかけての分布と、アンゴラ南西部からナミビア北部にかけての分布があります。草原や低木地、岩場、サバンナなどさまざまな場所で暮らします。ペアでいることもあるとされています。額を横切り、肩口から腕に及ぶ白いラインが特徴的。体重は150〜555g。

ソマリハリネズミ
ソマリアに分布。草原や開けた土地、低木地に暮らします。体重300〜700g。

ハリネズミ属

マンシュウハリネズミ
中国の低地の北緯29度からアムール盆地、朝鮮半島に分布。さまざまな場所で暮らしますが、森林と開けた土地の境界を好みます。アムールハリネズミとも呼ばれます。日本で伊豆などに帰化しているのはこの種類です。体重700〜1000g。

ヒトイロハリネズミ
トルコからシリア、ヨルダン、イラン、イラクにかけて分布。都市部、郊外、農地から自然植生までに暮らします。体重700〜1000g。

ナミハリネズミ
ヨーロッパハリネズミとも呼ばれます。ヨーロッパで「ハリネズミ」というとこの種のこと。ヨーロッパから中央アジアにかけて分布。ニュージーランドに移入されました。野原の縁や生け垣、家庭菜園や公園などでよくみられます。標高2400mの地にも生息します。体重は800〜1,200g。冬は冬眠することが知られています。

ヨツユビハリネズミ

ナミハリネズミ

© Cyril Ruoso/BIOS/OASIS

Northern White-breasted Hedgehog

ヨーロッパ中央部、東部から、シベリア西部にまで広く分布。農地、公園、庭、都市部や森林の縁の茂みなどに暮らします。ナミハリネズミと同じように、人の手が入った場所によくみられます。

*Mesechinus*属

ダウリアハリネズミ

中国北西部の半乾燥地帯、モンゴルからロシアのアムールにかけて分布。ステップや森林ステップに暮らし、しばしば農地でもみられます。マーモットなどが使っていた巣穴を使い、冬眠します。体重は240〜500g。

モリハリネズミ

中国(陝西省、山西省、甘粛省、四川省、河南省)の固有種。乾燥したステップに暮らしますが、くわしいことはよくわかっていません。

オオミミハリネズミ属

オオミミハリネズミ

エジプトやアフガニスタンからモンゴルにかけて分布。ステップや低木林などに暮らします。45cmほどの長さの巣を掘ります。体重は平均345g。名称にもなっている大きな耳が特徴的。かつては日本でもペットとして飼われていました。

オオミミハリネズミ

画像提供:埼玉県こども動物自然公園

ハードウィケハリネズミ

パキスタン南西部からインド東部にかけて分布。砂漠や水場に近い半砂漠、農地に暮らします。体重200〜500g。

インドハリネズミ属

エチオピアハリネズミ
モロッコからエジプトにかけてとアラビア半島に分布。乾燥した砂漠のほかオアシスや海岸でも暮らしています。体重は400〜700g。

ブラントハリネズミ
イラン一帯、アラビア半島の一部、トルクメニスタン、アフガニスタン、パキスタンに分布。乾いた岩礁地に暮らし、農地でもみられます。ほかのハリネズミより濃くて長い針が特徴的です。体重は500〜900g。

インドハリネズミ
パキスタン東部、インド西部に分布。砂漠や農地、有刺林などに暮らします。穴を掘って巣を作ります。体重は312〜435g。

ブラントハリネズミ

画像提供：埼玉県こども動物自然公園

Bare-bellied Hedgehog
南インドの固有の種。落葉性の低木のやぶや岩礁地に暮らします。

いろんな種類がいるね

みんな仲間だね

ハリネズミの暮らしと行動を知ろう

Chapter 1
ハリネズミを知ろう

暮らしを豊かにするために

　ハリネズミに限らず動物を飼うときには、彼らが本来どんな生活をしていたのかを知ることがとても大切です。飼育下と野生下ではまったく異なる環境であり、同じ暮らしをさせることはできませんが、そのエッセンスを取り入れることは可能です。

　たとえば食事について考えてみましょう。野生のハリネズミは、夜間に長距離を移動しながら昆虫類などの餌を探して食べています。ところが飼育下のハリネズミはいわば「上げ膳据え膳」で、寝床から出さえすれば豊富な食べ物にありつくことができます。一晩中歩きまわりながら餌を見つけ、捕獲しなくてはならない野生での暮らしに比べればとても楽な毎日です。しかし、環境エンリッチメントという意味では必ずしもよい環境ともいえません。

　環境エンリッチメントとは、動物福祉という立場から、飼育されている動物が身体的、精神的、社会的に健康で幸福な暮らしを実現させるための具体的な方法のことをいいます。本来もっている行動を再現できるようにしたり、時間配分を本来のものに近づけたりするため、食事でいうなら生きた昆虫類を捕獲して食べられるようにしたり、好物を隠して探させるようにすることなどもそのひとつです。

　野生での暮らしの中にある、飼育下でも再現可能なエッセンスを探してみることは、ハリネズミの体と心の健康のためにはとても大切です。そのためにも、本来の行動や習性を知ることが必要なのです。

ハリネズミの気持ちを理解するために

　人間とハリネズミは、共通のコミュニケーション手段を持ちません。同じ言葉で話をすることはできませんし、ハリネズミが感じている感覚を共有することもできません。

　しかし、ハリネズミの気持ちをくみとることは可能です。彼らの行動や仕草、鳴き声などが、私たちがハリネズミから受け取ることのできる「言葉」のひとつとなります。どんなときは不快で、どんなときは気分がいいのかがわかれば、ハリネズミにとってストレスの少ない接し方をすることができるでしょう。ハリネズミが安心できる環境作りや接し方を心がければ、よい信頼関係が構築できるでしょう。

ハリネズミの暮らし

単独生活者

ハリネズミは群れを作らず、単独生活をする動物です。ほかのハリネズミと一緒になるのは、繁殖時に交尾をするときと子育てをするときだけで、あとは1匹だけで暮らします。ハリネズミの種類によっては、3～4匹の小さなグループをつくるものもあるという報告がありますが、まもなく大人になる子どもたちと母親だろうと考えられています。

活動時間

ハリネズミは夜行性です。夕方や夜明け前にも活動しますが、飼育下での観察によると、最も活発なのは午後9時～0時、次いで午前3時とされています。活動時間のほとんどは、食べ物を探すことに費やされています。

活動範囲

ハリネズミは、一晩のうちに3.2～4.8kmの距離を歩き回るといわれています。

なわばりをもつかどうかは資料によって異なります。他の個体と行動圏が重なることはなく、オスの場合他の個体とは約18.2mの距離を取っているという報告があります。また、1匹のなわばりを巣から半径200～300mとする資料もあります。

生活空間

ハリネズミの生活空間は地面の上です。木に登ることはありません。

巣

ハリネズミは乾燥した場所の、岩の堆積の下、低木の茂みの根元、木の根の間、朽ちた丸太の下などを巣にし、日中は巣の中で休んでいます。地面を掘って浅い巣を

作ります(オオミミハリネズミは長さ45cmほどの巣穴を掘るといわれています)。また、シロアリ塚の中などを巣にすることもあります。アリ塚の中は寒暖の差が大きいときでも温度変化が小さいといわれています。

食性

おもに昆虫、ミミズ、カタツムリやナメクジなどの無脊椎動物を食べます。ほかにカエル、トカゲ、ヘビ、鳥の卵や雛、小型哺乳類、死肉のほか、果実、種子、菌類(キノコ)など、動物質に限らずなんでも食べます。一晩で体重の3分の1にあたる量を食べるともいわれています。見つけた食べ物はその場で食べますが、インドハリネズミは巣に隠す習性が知られています。

ハリネズミのなかには、毒を持つサソリやヘビ、ハチ、甲虫などを食べるものもいます。高い抵抗力をもっているとされています。

冬眠と夏眠

ハリネズミのなかには冬眠するものとしないものがいます。

ヨーロッパに生息するナミハリネズミは冬眠する種類です。9月から4月にかけて冬眠に入ります。冬眠前に十分な栄養を摂り、体温を下げ(1度とする資料もあります)、心拍数を1分あたり22回にまで下げて冬眠に入ります。ケープハリネズミ、オオミミハリネズミ、エチオピアハリネズミも冬眠することが知られているハリネズミです。

ヨツユビハリネズミは冬眠しませんが(寒いときに冬眠しているようになるのは、冬眠ではなく低体温症です)、暑い季節には夏眠をすることがあります。彼らの主食である昆虫類が減少し、食べ物が足りなくなる乾季を乗り切るためのしくみです。冬眠する動物ほど代謝が落ちることはありません。気温が29.4度を越えると夏眠に入るとする資料もあります。

ハリネズミの「言葉」

仕草やボディランゲージ

○ 唾液塗り

ハリネズミの不思議な行動のひとつです。未知の物体に出会うと、それを舐めたりかじったりし、口の中で泡状の唾液と混ぜて、長い舌を使って背中や脇腹の針に塗りつけます。不自然な格好で体をねじらせ、泡を塗る仕草はとても奇妙にみえますが、異常な行動ではありませんし、病気でもありません。香油塗り、英語ではself-anointing、antingなどとも呼ばれます。

ただ、この行動の理由ははっきりわかっていません。
「自分のにおいを隠すため、周辺と同じにおいを体につけている」
「(前述のようにハリネズミは毒性をもつ動物を食べても抵抗力があるので)毒性のある物質と唾液を混ぜて体に塗ることで、天敵や害虫から身を守ろうとしている」
といった理由のほか、体を冷やすため(気化熱を利用して体熱を放散する)、繁殖相手を引き寄せるためなどの理由も考えられています。

○ 針を立てる

驚いたとき、不快なことや不安なことが起きたとき、警戒し、用心深くなっているときなどに針を立てます。

ちょっと驚いたときや不安や警戒の度合いが低いときには、おでこの針だけを立てます。針はひさしのように前に突き出されます。慣れている個体でも、顔の近くを触ったときなどにみられます。針を立てた頭部を頭突きしてくることもあるので気をつけましょう。

針を立てながらシューシュー鳴いて警戒することもあります。

○ 体を丸める

警戒や恐怖の度合いが高くなると、針をあちこちに向けて立て、体を丸めて身を守ろうとします。ボール状にしっかりと丸まることで、敵に噛まれたらひとたまりもない弱い腹部を守ることができます。
(針が立ったり体を丸めるしくみは151ページ参照)

鳴き声

ハリネズミは鳴かないという印象がありますが、意外といろいろな声を発します。どんな鳴き声があるかを知っておくと、ハリネズミとのコミュニケーションに役立つでしょう。

なお、鳴き声ではなく実は異常な呼吸音だったということもあります。いつもと違う鳴き声が聞こえたり、おかしなときに鳴いている、と感じたときは注意してください。

● 警戒している

警戒したり不快なとき、行動を邪魔されたときなどに、フッフッ……と短いピッチで立て続けに鳴き声をあげます。同時におでこの針を立てて頭を突き出したり、ジャンプするように跳ね上がりながら鼻を鳴らします。丸まりながらシューシューいうこともあります。

● 赤ちゃんハリネズミの鳴き声

さえずるような、ピッチの早い鳴き声は、生まれたばかりの赤ちゃんの鳴き声です。小さな声は成長にともなって大きくなりますが、自分で動き回れるようになるとこの鳴き声は聞かれなくなります。

● 求愛の鳴き声

繁殖時、オスはメスのまわりを回りながら、メスの気を引こうとしてピーピーと優しい鳴き声を出します。

● リラックスしている

ハリネズミがリラックスして、満足な気持ちでいるときは、猫が喉を鳴らすようなゴロゴロいう音が聞かれます。

● 探検しているとき

あちこちを探検したり、食べ物を探しまわったりしているとき、フンフンと鼻を鳴らすような音を出します。夜行性のハリネズミにとってエコロケーション（反響定位：発した音が対象物に当たって跳ね返ってきた音から、対象物の位置や距離を判断する）と関係があるのではないかという報告もあります。

● 悲鳴

ハリネズミにとって恐ろしいことや苦痛と遭遇したとき、子猫や赤ちゃんの鳴き声のようにも聞こえる悲鳴をあげます。

ハリネズミの感覚

通常、人間が最も頼りにしている感覚は視覚です。ところがハリネズミではそうではありません。ハリネズミの感覚について知り、私たちとハリネズミが感じている世界の違いを理解しましょう。

視覚
よくありませんが、薄暗いところでもものを識別することができます

聴覚
よく発達しています。人の可聴域よりも高周波な音を聞きとることができます

嗅覚
とても優れています。においはヤコブソン器官でも受け取っています

触覚
ひげは周囲の状況を把握するためのセンサーとして働いています

視覚

ハリネズミの視覚はよくありません。地面の上を歩きまわって地上にいる昆虫類を食べる生活をしているので、「遠くまで見ることができる」という視力のよさはあまり大きな意味をなさないといえます。ただし夜、薄暗いなかでもある程度はものを識別する能力はあります。

色覚についてはナミハリネズミの研究があります。彼らの網膜にはものを見ることに関与する桿体細胞(かんたい)だけがあり、色覚に関与する錐体細胞(すい)(たい)は存在しませんが(つまり、モノクロの世界を見ている)、桿体細胞の一部に錐体細胞タイプのものがあり、色を識別するトレーニングをしたら黄色を灰色や青から識別できるようになったということです。

なお、アルビノの動物はほとんど視力がないと考えられていますが、ハリネズミはもともと視覚に頼っていないので、それほど気にすることはありません。ただし、急に触ってびっくりさせたりしないよう、声をかけたり、床を叩いて振動で合図をするなどしてから接するようにするといいかもしれません。

嗅覚

ハリネズミの嗅覚はたいへん優れています。脳のにおいを感じる場所(嗅葉)(きゅうよう)がよく発達していることが知られています。ハリネズミが嗅覚に頼る場面には、食べ物(獲物)を探す、捕食者から身を守る、自分のいる場所を知る、繁殖相手を探す、母子が互いを探すなどさまざまなものがあります。ハリネズミを慣らすさいには飼い主のにおいを覚えさせるとよいといわれるのも、ハリネズミのすばらしい嗅覚があるからです。

> **口でにおいをかぐ？　ヤコブソン器官**
>
> 　ハリネズミはヤコブソン器官（鋤鼻器）が発達しています。これは口腔内の上顎にある器官で、ここでもにおいを感じています。ヤコブソン器官は哺乳類、ヘビやトカゲにもあります（人にも存在しますが、機能していません）。
>
> 　ヤコブソン器官でにおいを受け止めるときには、鼻を高くもちあげ、口を少し開けて上唇を巻き上げるようにし、空気のにおいをかぐような仕草をすることがあります。「フレーメン反応」といい、馬や牛、羊、猫などでもみられます（「馬が笑っている」と称される表情はフレーメン反応のことです）。
>
> 　また、舌なめずりをするのも、におい分子をヤコブソン器官に送り込むための行為のひとつです。

聴覚

　ハリネズミは聴覚もよく発達しています。飼い主の声と別の人の声を聞き分けることもできるようです。聞こえる音域は人よりはるかに幅広く、オオミミハリネズミは60kHz以上の音を聞いているという研究データもあります（人に聞こえるのは20kHzまでといわれています）。

　また、ハリネズミは人には聞こえない超音波の領域の鳴き声を発し、この鳴き声は特に母親と子ども間でのコミュニケーション手段となっています。

触覚

　触覚をつかさどる器官がひげ（触毛）です。ひげは毛根の部分で神経と連絡し、ものに触った感覚を脳に伝えるセンサーのような役割をしています。

　左右に張り出したほおひげによって、狭い場所を通るときにその狭さを判断したり、周囲の状況を理解することができます。また、鼻の下にも触毛はあり、食べ物についての情報を得るのに役立っています。

> **ハリネズミの知能**
>
> 　ハリネズミの脳は同じくらいのサイズのほかの哺乳類と比べると小さく、単純で、原始的だといわれています。しかし「頭が悪い」のではなく、さまざまな感情ももっていますし、飼い主を覚えたり、学習能力もあります。

カラーバリエーション

Chapter 1 ハリネズミを知ろう

ハリネズミのカラーバリエーション

　ハリネズミには、とても多くのカラーバリエーションが存在しています。その数は92とも100近くあるともされています。ペットとして飼われているヨツユビハリネズミは、アルジェリアハリネズミとの交雑種といわれており、それぞれ独自のカラーバリエーションが数えられているため、このように多くなっているようです。

カラーを見分けるポイント

　そのハリネズミがなんというカラーなのかを決めるには一定のルールが作られています。ここではウェブサイト「Hedgehog Central」の「Hedgehog Color Guide」<http://hedgehogcentral.com/colorguide.shtml>、「The International Hedgehog Association」の「Color Guide」<http://hedgehogclub.com/colorguide.html>を参考に、カラーを見分けるポイントを見てみましょう。

● 針の色
　針1本の色を見ます。針には「バンド」と呼ばれる帯状に色が異なる部分があり、この色がカラーを特徴づけています。

● 皮膚の色
　背中の、頭部寄りの針の下にある皮膚の色を見ます。

● 被毛の色
　腹部や顔の被毛の色を見ます。

● マスク
　顔の被毛のうち、鼻から目の下にかけての被毛が濃い部分のことをいいます。
　マスクの左右の端が目よりも外側まで伸びているのがアルジェリアハリネズミの系統で、そうではないものがヨツユビハリネズミの系統とする資料もあります。

カラーを見分けるポイント

- 鼻と目

  それぞれの色を見ます。

カラーと「パターン」

一例として、販売されているハリネズミのカラー名で「ノーマルパイド」というものがあります。「ノーマル」は「ソルト&ペッパー」ともいい、最も一般的なハリネズミの『カラー(色)』のことです。「パイド」は、ぶち模様という『パターン(柄)』のことで、どのカラーに対しても存在する可能性があります。

アルビノはハリネズミの「カラー」の一種。色素を持たず、白い針、赤い目、ピンクの鼻が特徴です

パターン(柄)
- パイド

白い針によってぶち模様があらわれるパターンのことをいいます。「ピント」ともいいます。パターンの名称は馬など家畜で使われているものがハリネズミでも使われていますが、ハリネズミではその定義があいまいなようです。

家畜では、パイドはパイボールドともいい、白地に有色のぶちが入ったものをいいます。

また、ピントは馬の品種の名称でもあり、白い毛色に濃い色のぶちがあるものと、濃い色の毛色に白いぶちがあるものの2種類がいます。

ぶち模様はハリネズミの「パターン」の一種。パイドやピントと呼ばれています

- 顔のマーキング

顔の左右で毛色が違うもの、顔にぶち模様があるもの、白いラインが入っているもの、鼻に色の抜けた部分があるもの、目の周りの毛色が濃くアイラインのようになっているものなどがあります。

顔の左右で異なるカラーをもつマーキングは「スプリット」ともいいます

カラーバリエーションの種類

スタンダードカラー

● ソルト&ペッパー
針─白く、黒いバンドがある。白一色の針は5%未満。 **皮膚と被毛**─皮膚は真っ黒、下腹部の黒い斑が広範囲にある。腹部の被毛は白い。顔の被毛は白く、黒いマスクがある。 **鼻**─黒い。 **目**─黒い。

● グレー
針─白く、黒いバンドの外側に非常に狭い錆茶色がある。 **皮膚と被毛**─皮膚はグレー、下腹部にいくらかの斑がある。マスクは黒い。 **鼻**─黒い。 **目**─黒い。

● チョコレート
針─白く、焦げ茶色のバンドがある。 **皮膚と被毛**─皮膚は明るいグレー、下腹部に薄い斑がある場合がある。マスクは非常に明るい茶色。 **鼻**─ほとんど黒に近い濃い茶褐色。 **目**─黒い。

● ブラウン
針─白く、明るいオークブラウンのバンドがある。白一色の針は5%未満。 **皮膚と被毛**─皮膚はグレーがかったピンク、下腹部の斑はない。薄いマスクは許容範囲。 **鼻**─チョコレート色。 **目**─黒く、目の外縁に水色のリング。

ソルト&ペッパー

シナモン

ソルト&ペッパー（パイド）

シナモン（パイド）

ホワイト

アルビノ

● シナモン
針―白く、明るいシナモンブラウンのバンドがある。白一色の針は5%未満。
皮膚と被毛―皮膚はピンク色。腹部の被毛は白く、マスクはない。
鼻―茶褐色。 **目**―黒い。

● シニコット
針―白く、50%はシナモンで残りは淡いオレンジベージュ。 **皮膚と被毛**―皮膚はピンク、下腹部には斑はなく白い。マスクはない。
鼻―ピンクで、茶褐色の斑点がある。
目―ブラックアイドシニコットは黒い。ルビーアイドシニコットは濃いルビー色。

● シャンパン
針―白く、75%がオレンジがかった茶灰色で、残りはシナモン。 **皮膚と被毛**―皮膚はピンク、下腹部には斑はなく白い。マスクはない。 **鼻**―ピンクで外側は茶褐色。
目―赤い。

● アプリコット
針―白く、淡いオレンジ色のバンドがある。
皮膚と被毛―皮膚はピンク。腹部の被毛は白い。マスクはない。
鼻―ピンク。 **目**―ルビー色。

スノーフレーク
(バンドのある針とない針を同じくらい持つタイプ)

● シルバー
針―白く、黒いバンド。針の30～50(70)%は白一色。 **皮膚と被毛**―皮膚は真っ黒、下腹部の黒い斑が広範囲にある。腹部の被毛は白、顔の被毛も白く、黒いマスクがある。 **鼻**―黒い。 **目**―黒い。

チョコレートチップ
(チョコレートスノーフレーク)

針―白く、チョコレート色のバンドがある。針の30～70%は白一色。 **皮膚と被毛**―皮膚はグレーで、わき腹はピンク。下腹部に斑はない。マスクは非常に明るい茶色。
鼻―チョコレート色。 **目**―黒い。

ホワイト
(ほとんどすべての針が白一色で、わずかなバンドのある針はおもに額の周囲に存在するタイプ)

● プラチナ
針―白く、ライトグレーのバンドがある。針の95～97%は白一色。 **皮膚と被毛**―皮膚は真っ黒、下腹部の黒い斑が広範囲にある。マスクは黒い。
鼻―黒い。 **目**―黒い。

● チャコールホワイト
針―白く、黒いバンドの外側に錆茶色の部分がある。針の95～97%は白一色。
皮膚と被毛―皮膚はグレー、下腹部にいくらかの斑がある。マスクは黒い。
鼻―黒い。 **目**―黒い。

アルビノ
針―針はすべて白く、バンドはない。
皮膚と被毛―皮膚はピンク。被毛は白い。マスクはない。 **鼻**―ピンク。 **鼻**―赤い。

ハリネズミ COLUMN
針のある動物たち

　ハリネズミのほかにも、針が生えている動物たちがいます。

　以前はハリネズミと同じ「食虫目」に分類されていたテンレックもその一種です（現在はアフリカトガリネズミ目）。ヒメハリテンレックはペットとして飼われることもある種で、一見、ハリネズミにもよく似ています。しかし樹上性で木に登ったり、体温が低い、前足で器用にグルーミングするなど、ハリネズミとはまた異なる特徴をもっています。

　針がある動物としてハリネズミとよく比べられるのが、げっ歯目のヤマアラシです。アメリカ大陸に住むタイプは樹上性で、アジアやアフリカに住むタイプは地上性です。振ると音のする針を持っていて警戒音を発し、針を外敵に突き刺すという攻撃的な針の使

ヒメハリテンレック
画像提供：埼玉県こども動物自然公園

い方をするものもいます。ハリネズミの針はあくまでも防御のためのものなので、似ているようでも大きく違っているのです。

　名前に「ハリ」がつくものには、単孔目のハリモグラがいます。哺乳類なのに卵を生むなどとても珍しい生態をもつ動物です。

　そのほかにも、「針」とまではいきませんが、ハリネズミ目のジムヌラのように、硬い棘状の被毛をもつ動物もいます。げっ歯目で日本固有種のオキナワトゲネズミは、長さ2cmほどの棘状の毛が生えています。ペットショップで「トゲネズミ」という名前で売られているネズミは、正確には「トゲマウス」といい、トゲネズミとは亜科のレベルで別の種類です。背部に棘状の剛毛が生えています。

カナダヤマアラシ
画像提供：埼玉県こども動物自然公園

PERFECT PET OWNER'S GUIDES

Chapter 2

ハリネズミを飼う前に

ハリネズミを迎えるということ

Chapter 2
ハリネズミを飼う前に

ここが大好き、ハリネズミ

　ハリネズミには、人々を惹きつけてやまない多くの魅力があります。まずは外見。背中にハリがあるというユニークさに加えて、顔もとてもチャーミングです。飼っていると、表情豊かなことにも気づくでしょう。

　興味深い習性もハリネズミの魅力です。体を丸めて身を守る姿は、まるでイガグリやウニのよう。ちょっと不器用そうな仕草や、慣れてくると見せてくれるくつろいだ様子など、見飽きることがありません。

　性質は個体によりますが、馴れた子なら抱っこできますし、なかには人と一緒にいることを楽しんでくれる子もいます。背中のハリは防御のためであって、決して攻撃的な動物ではありません。

　「飼いやすい」といえるタイプの動物ではありませんが、室内に楽に設置できるサイズのケージで飼える、散歩の必要がない、大きな声で鳴かない、といった点や、近年になって専用フードや飼育関連用品が増えてきたことなどが、飼育へのハードルを下げているといえるでしょう。

ここが大変、ハリネズミ

慣れやすい動物ではありません

　飼育を始める前にしっかりと理解しておきたいのは、ハリネズミという動物ならではの特殊性です。ペットとしてはまだまだ珍しい動物で、犬や猫のようにペットとして歴史の長い動物を飼うのとは違う苦労がたくさんあることを理解する必要があります。

　もともとの気質は、怖がりで臆病です。犬のように慣れやすかったり相互コミュニケーションが取りやすい動物ではありません。慣れにくいうえに、背中のハリを立てて人を拒絶し、怖いときにはぎゅっと丸まってしまうようなタイプの動物です。決して、触れ合うのに向いているわけではないのだということは、十分に知っておきましょう。かといって慣らさないままで飼うのはハリネズミにもストレスになります。忍耐強く、慣らす努力が必要になります。人間と同じように個体差も大きいので、よそのハリネズミとわが家のハリネズミが、同じように慣れるわけではありません。

飼育管理上のハードルもあり

　飼育管理上での扱いにくさもあります。夜行性ですから、人が寝ているような時間に活発で、夜中にうるさいことがあります。トイレのしつけができないことも多く、回し車で走りながら排泄する個体がよくいるため、世話の手間がかかります。また、温度管理に気を使う必要があります。

　簡単に与えられるハリネズミ専用フードも多く販売されていますが、本来は昆虫類を食べている動物です。「虫は苦手」という方でも、副食やおやつとして与えねばならない場合もよくあります。食事という面では、偏食なハリネズミに悩まされる飼い主さんも少なくありません。

　病気になったときに診てもらえる動物病院は非常に少なく、ペットホテルなどの各種ペットサービスのほとんどはハリネズミは対象外です。どこのペットショップでもハリネズミ用のフードやグッズが売っているわけではありません。

　以前と比べれば医療情報や飼育情報は増えていますが、まだまだわからないことやさまざまな意見のあることもあり、情報を集める努力や見きわめる目も必要です。

ハリネズミ・アンケート
飼い始めてわかる、困りごと＆悩みごと

ハリネズミを飼っている66名の皆さんに、アンケートに答えていただきました。
実際に飼ってみることで見えてくる、リアルなハリネズミ事情をのぞいてみましょう。

Q. ハリネズミを飼ってみて困ったことや悩んだことは何ですか？

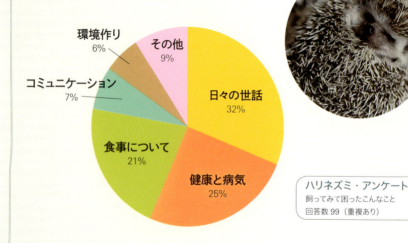

- 環境作り 6%
- その他 9%
- コミュニケーション 7%
- 日々の世話 32%
- 食事について 21%
- 健康と病気 25%

ハリネズミ・アンケート
飼ってみて困ったこんなこと
回答数 99（重複あり）

　大きく分けると、「日々の世話」に関する困りごと・悩みごとが最も多く、温度管理や爪切り、留守番のさせ方などが挙がりました。次いで多いのは「健康と病気」についてのお悩みで、なかでも「動物病院探しに苦労している」という声が多くみられました。最も回答数が多かったのは「食事」のお悩みのうち、『偏食・拒食』でした。

　困りごとや悩みごとのなかには、動物病院探しのように、飼う前から準備を始めておけるものもあります。一方で偏食や拒食は、ハリネズミを迎えてみないとわからないこともあるでしょう。それでも事前に「こんなことが起こるかもしれない」と心の準備と情報収集をしておけば、落ち着いて対応できることと思います。

ハリネズミと暮らすにあたっての心構え

生き物を飼うという責任

◯ 最後まで飼い続けて

ハリネズミは、両手で乗るくらいの小さな存在ですが、命ある生き物です。生き物を飼うということは、命を預かるのだということを理解し、最後まで愛情と責任をもって飼育してください。飼うのに飽きたり、世話が面倒になったり、慣れないのでつまらないなどと飼育放棄するようなことは決してあってはなりません。動物愛護の精神からいっても、外来生物だという点からも、捨てたりしてはいけません。終生飼養は、動物愛護管理法でも飼い主の責任として定められています。最後まで飼い続けるためにも、飼う前にハリネズミのことを十分に勉強し、それから飼うことを決めるようにしてください。

◯ アレルギーの可能性も知って

ハリネズミは、飼い主の動物アレルギーの原因になることは少ないようですが、可能性がゼロではありません。命に関わるようなひどいアレルギーになるなど、どうしても手放さなくてはならない事情ができたときは、次の飼い主を探しましょう。アレルギー体質の方は特に、日常の飼育管理に注意することで発症を遅らせることも可能です（180ページ参照）。

◯ 毎日の世話は欠かせない

トイレ掃除や食事の準備など、適切な世話は毎日、必要です。忙しかったり疲れていても、飼い主が世話をしなければハリネズミは生きていけません。体調が悪いときやどうしても家を留守にしなくてはならないときなどに、自分に代わって世話をしてくれる人はいるでしょうか。

先々のことも考えてみて

今だけでなく、数年後の自分の暮らしまで考えてみてください。ハリネズミは平均4-6年生きるといわれます。進学や就職、転勤、結婚、出産といった生活の変化が訪れるかもしれません。勉強や仕事でとても忙しくなったり、引っ越し先でペットが飼えないなど、さまざまなことが起こりえます。そんなときでも大切に飼い続けることができるでしょうか。

病気になることも想定して

ハリネズミもいろいろな病気になります。動物病院に連れていって診察や治療を受け、家で病気の看護をするとなれば、経済的、時間的な負担も大きいものになります。病気になることもあるのだという想定をしておくことも大切です。

暮らしの変化を受け入れて

ハリネズミを飼うというのは、自分たち人間とは違う種類の生き物と家族になるということです。同じ言葉は通じませんから、ハリネズミのことをよく理解し、よく観察し、どういう状態なのかを汲み取る心が必要です。きちんと飼っていても、ある程度のにおいや汚れはあるでしょう。飼う前と、まったく自分の暮らしが変わらないわけにはいきません。「ハリネズミのいる暮らし」を受け入れられるでしょうか。

飼育環境を整える責任

ハリネズミが快適で健康に暮らすことができる飼育環境を整えなくてはなりません。

ケージや飼育グッズを購入し、適切なレイアウトの住まいを用意します。「ハリネズミ専用」のグッズは多くはないので、ほかの小動物グッズを使うなどの工夫が必要です。暑すぎるのも寒すぎるのも苦手なので、温度管理は非常に重要です。電気代も、飼育費用として忘れてはならないものです。（詳しくは第3章以降を参照）

できるだけストレスの少ない飼育環境を目指しましょう。飼育施設や温度などのほかに、「人や動物」もハリネズミにとっては周辺環境のひとつです。家庭によっては、以下の点にも注意が必要です。

○ 子どもとハリネズミ

ハリネズミは、子ども向けのペットとはいえません。

一般的にコミュニケーションがとりにくく、噛むこともありますし、丸まるときに指を巻き込まれたりする危険もあります。針の先もけっこう鋭く、小さな子どもの柔らかい皮膚を傷つけるおそれもあります。子どもが抱っこしたときに痛くて落としたりすれば、ハリネズミにもケガの心配があります。

夜行性なので、ハリネズミが活発なのは子どもが寝ている時間帯です。

子どものいる家庭にハリネズミを迎えようというときは、あくまでも大人が主体となって世話をし、大人の監督下でのみ、子どもとハリネズミが接するようにしましょう。世話や遊びのあとは、必ず手をよく洗う習慣をつけてください。

○ 犬猫とハリネズミ

ハリネズミにとって食肉目の動物は天敵なので、本能的に怖がるでしょう。犬猫がハリネズミに対してなにもしなければ慣れたり、ハリネズミに触ると痛いことが理解できれば問題ないこともあります。しかし、ハリネズミが犬や猫のおもちゃにされることがあるかもしれません。また、犬猫についたノミ・ダニのハリネズミへの感染のおそれもあります。同じ空間で飼育するとしても、一緒に遊ばせたりしないのが適切です。フェレットも同様です。

○ そのほかの小動物とハリネズミ

同じ室内で、別々のケージで飼うなら特に問題はないことが多いでしょう。ただし、昼行性の動物だと、ハリネズミの寝ている昼間にうるさいかもしれません。夜中にハリネズミが使う回し車の音が、昼行性の動物の眠りをさまたげるかもしれません。

ハリネズミは決して攻撃的な動物ではありませんが、野生のハリネズミにとって小型の動物は食料でもあります。マウスやジャンガリアンハムスターのような特に小さな動物とは、接しないように十分に注意をしましょう。

ハリネズミと暮らすのに必要なもの&こと

　ハリネズミを迎えるにあたってはさまざまな出費があります。また、飼い続けていればいろいろなできごとがあったり、それにともなってお金がかかることもあります。どんなことがあり、どんな出費があるのかを見ておきましょう。

◯ 初期費用

　まず最初に必要になるのは、生体を購入する費用と、飼育用品、フード類の購入費用です。飼育用品には、ケージ、床材、寝床、トイレ、食器、給水ボトルや、キャリーバッグ、温度計、体重計、冷暖房グッズ、爪切りなどがあります。フード類には、ハリネズミ専用フードなどのペットフード、昆虫類などの副食などがあります。

◯ 日常の出費

　フード類、床材などの消耗品は、飼っている間は購入し続けるものです。偏食な個体も多いため、たくさんの種類の食べ物を用意することもあります。
　寝床や回し車などの用品は、しばらく使っていて汚れがひどくなったり壊れたりしたら買い換えることになります。

◯ 季節対策

　ハリネズミには暑さ対策も寒さ対策も必要です。ペットヒーターなどの季節対策グッズを購入する必要があります。また、エアコンやヒーターなど室内の温度管理がほぼ一年中必要になることも多く、年間を通じて電気代がけっこうかかります。

◯ 健康管理

　健康管理面では、健康診断など動物病院にかかる費用を考えておく必要があります。病気になり、検査や手術などを受ける場合には、高額な治療費がかかるケースもあります。ハリネズミが入れるペット保険は2社存在します（2016年10月現在）。「ハリネズミ貯金」をして準備しておくのも賢明です。

◯ そのほか

　部屋のにおいが気になる場合には空気清浄機を購入する場合もあります。
　また、前述のようにハリネズミに対応したペットサービスはほとんどありませんが、旅行や出張などで家を留守にするときには、ペットホテルやペットシッターなどのサービスを探して利用するケースもあるでしょう。

ハリネズミを迎える方法

Chapter 2
ハリネズミを
飼う前に

迎える時期

　ハリネズミは、飼育下では一年中繁殖でき、輸入個体も年間を通じて入ってきます。迎えようと思えばいつでも可能です。

　動物を新たに迎えるのによいのは、気候が穏やかな春や秋というのが一般的です。ただし実際には温度変化が大きい季節でもあるので、十分な注意も必要です。夏や冬のほうがコンスタントに温度管理ができている、という場合もあります。

　幼いハリネズミを迎える場合は特に、温度管理がしっかりできているかということがとても重要です。

　また、迎えたばかりのハリネズミは体調を崩しやすかったり、食欲の波があったりします。飼い主が忙しい時期などは避け、しっかりと飼育管理に気を使うことのできる時期を選ぶことも大切です。

どこから迎えるか

ペットショップ

　ハリネズミはペットショップから迎えるのが一般的です。エキゾチックペット（犬猫以外の小動物）を扱っているショップにいることが多いでしょう。どんなショップから買うかは、とても大切なポイントです。

● 衛生的であること

　動物がいるので店内に多少のにおいはあるものですが、ひどく臭かったり、飲み水が汚いままになっているなど、不衛生なショップは避けるべきでしょう。

● 適切な飼育管理が行われていること

　ハリネズミがペットショップにいる時期というのはたいていの場合、成長期というとても大切な時期です。しっかりとした体作りのための適切な食事を与えているでしょうか。ショップで乱暴に扱われていると、人を怖がって慣れにくくなってしまいますが、優しく適切な接し方をしているでしょうか。

　また、ショップにいる若い時期のハリネズミでも繁殖が可能なことがあります。オスとメスは別々にしているでしょうか。

ブリーダー

　まだ多くはありませんが、国内にもハリネズミのブリーダーがいるので、ブリーダーから購入することもできます。

国内のブリーダーから迎えるメリットには、輸入によるストレスがないこと、親きょうだいの毛色や性質がわかること、累代繁殖しているなら遺伝性疾患についても確認できるだろうことなどがあります。また、離乳までしっかり母乳を飲み、母親やきょうだいと一緒に過ごしていることはとても大きなメリットです。

どんな環境で飼育管理されているか、見学させてもらうといいでしょう。

ショップが国内ブリーダーから仕入れたり、ショップでブリーディングして販売しているケースもあります。

里親募集

家庭で繁殖させ、里親募集している人から譲り受けるという方法もあります。親の毛色や性質がわかったり、離乳まで母乳を飲んでいるという点では安心です。

有償か無償かなど、条件をよく確認し、双方が誠意を持って対応しましょう。

ネット通販

かつてはインターネットショップで動物を販売しているケースもよくありましたが、現在ではほとんど見られなくなりました。動物愛護管理法で「対面説明」「現物確認」が必要とされているからです(43ページ参照)。対面説明、現物確認をしていれば、動物を宅配便で輸送することが禁止になっているわけではありません。しかし動物の輸送には大きなリスクもあることを十分に理解してください。

どんな子を迎えるか

年齢（成長度合い）

　子どものハリネズミを迎えたいという場合は、体がしっかり成長し、大人と同じものを食べられるようになっている個体を選びましょう。一般に、離乳がすんでいる生後6週から8週といわれますが、母乳を十分に飲んで育っているかどうかで成長の差も大きいものです。そこで目安としては体重が180gくらいになっている個体を選ぶといいでしょう。一般に、輸入個体は成長が遅く、国内繁殖個体は成長が早い傾向にあります。

　幼いうちのほうが、目新しい人や環境に慣れやすい傾向はありますが、飼育管理には細心の注意が必要になります。また、ほかの動物での研究では、早期離乳されると大人になってから不安傾向が強くなるといわれています。せっかく母親のもとで成長しているなら、幼すぎるうちに引き離したりせず、離乳を待ちましょう。

性別

　一般的にいわれるオスとメスとの性質の違いには、「オスのほうが縄張り意識が強い」「メスは子どもを守る本能があるので気が強く、オスのほうがおっとりしている」などがよくいわれるものです。しかしハリネズミでは、オスとメスとで性質に違いはなく、個体差による違いが大きいといわれています。

　繁殖や生殖器系疾患に関してはオスとメスで違いがあります。ハリネズミに多い病気のひとつに子宮疾患がありますが、これはメス特有の病気です。

産地など

　日本国内で販売されているハリネズミの多くは、タイなど海外の繁殖場で生まれ、輸入されてきた個体です。輸入されるハリネズミと国内繁殖のハリネズミを比べると、第一に移送ストレスが違います。輸入個体のほうがペットショップに来るまでに大きなストレスがかかっています。また、輸入の場合には繁殖場の

環境を確認することが困難です。不衛生で、すでに病気になっていたりダニなどがついている可能性もあります。こうした点を考えると、輸入個体を迎える場合には、購入してからの飼育管理や健康管理に十分な注意が必要だということを理解しておくべきでしょう。

性質

とても怖がりな個体や人に慣れやすい個体など、ハリネズミにもいろいろな性質があります。ペットショップでは、スタッフがハリネズミを扱っている様子を見たりしながら、性質もチェックしましょう。

ハリネズミは警戒心が強い動物だとはいえ、警戒心があまりにも強すぎたり、あまりにも怖がりな子は慣れにくい可能性があります。

飼育施設に手を入れたときに最初はびっくりして丸まっても、しばらくすると好奇心旺盛に手のにおいをかぎにくるような子がいいかもしれません。

日頃からスタッフが優しく扱っていれば飼い主にも慣れやすい傾向がありますし、乱暴に扱われていると人を怖がるようになってしまいます。

また、いくら慣れやすそうな子でも迎えたあとで乱暴に扱っていれば慣れてくれませんので注意しましょう。

> **迎えるときは以前の環境を取り入れて**
>
> ペットショップから新たな家庭への引っ越しは、移動や環境変化を伴うため、ハリネズミにとって大きなストレスです。少しでもストレスが減るようにするためには、においの付いた床材を少しわけてもらったり、同じフードを与える、同じような水の与え方をするなど、以前の環境をできるだけ取り入れましょう。フードなどを変更したいときは、ハリネズミが新しい家庭で落ち着いてから。

何匹飼う？

動物を飼うとき、つい「1匹だとかわいそう」と考えてしまうことがあります。しかしハリネズミは単独性なので「ひとりぼっちで寂しい」とは思いません。121ページで詳しく説明しますが、複数のハリネズミを飼うなら別々のケージにするのが原則です。また、ハリネズミを初めて迎えるなら、飼育管理が大変になる多頭飼育は避け、まずは1匹をきちんと飼うことをおすすめします。

健康状態をチェックしよう

迎えたい個体がいたら、ショップのスタッフと一緒に健康状態のチェックをしましょう。

〈目〉
しょぼしょぼさせていない、目やにが出ていない、腫れや傷がない

〈鼻〉
鼻水が出ていない、くしゃみを連発していない、鼻は少し湿っている

〈耳〉
傷はない、耳の中や周囲が汚れていない

〈歯〉
汚れていない、欠けていない

〈四肢〉
傷はない、指や爪は揃っている

〈針・被毛・皮膚〉
針が抜け落ちている部分はない(針の生え変わりが起きている場合がある)、傷やフケがない、むやみにかゆがっていない

〈腹部〉
皮膚の赤みやフケがない、肛門や生殖器周囲が汚れていない

〈体重〉
手に持ったときにずっしりとした重みを感じる

〈便〉
下痢をしていない

〈行動〉
食欲がある、足を引きずったりふらついていない、活発に動いている、好奇心がある

様子のチェックは活動時間に

ハリネズミは夜行性なので、昼間ペットショップに行っても寝ていることが多いものです。健康状態や性質をチェックするなら、活動時間である夕方以降に行くのがいいでしょう。

目 しょぼしょぼさせていないか
耳 傷や汚れはないか
針 抜け落ちていないか
行動 足を引きずっていないか
鼻 鼻水は出ていないか
歯 欠けていないか
腹部 汚れはないか

ハリネズミと法律

Chapter 2 ハリネズミを飼う前に

動物愛護管理法

動物愛護管理法（動物の愛護及び管理に関する法律）は1973年に「動物の保護及び管理に関する法律」として制定されたのち、数回の改正を経て現在に至ります。ペットの飼い主や業者だけではなく、すべての人々を対象にした法律です。

この法律では、動物愛護精神を招来するとともに、動物による人の生命や財産などへの侵害を防ぎ、環境を保全すること、人と動物の共生社会の実現を図ることを目的としています。動物をみだりに殺したり傷つけてはならないこと、習性を考慮し、適切な飼育管理を行うことが基本原則とされています。

飼い主が守るべきこと

飼い主は、動物愛護と管理に責任をもち、適切な飼い方をし、人に迷惑をかけないようにしなくてはなりません。感染症を予防し、脱走させないよう努めることや、最後まで飼育するよう努めること（終生飼養）も定められています。

動愛法に基づく「家庭動物等の飼養及び保管に関する基準」（環境省告示）では、

■ 動物の種類や発育状況に応じた食事と水を与えること
■ 健康管理に努め、病気やケガを防ぐこと
■ 病気やケガをしたら獣医師の適切な処置を受けること
■ 生態や習性、生理を考慮した施設で飼うこと
■ 適切な日当たり、風通し、温度、湿度の場所で、衛生状態に配慮して飼うこと
■ 適切な環境が確保でき、終生飼育ができる範囲の頭数を飼うこと
■ 適切に飼ったり里子に出したりできないなら繁殖制限をすること
■ 人と動物の共通感染症の正しい知識をもち、感染防止に努めること
■ 脱走しないように飼い、万が一脱走したらすみやかに探すこと

などが定められています。

※本書に掲載している法律は、発行時（2016年12月現在）の内容です。法律は改正等ありますので、動物愛護管理法、外来生物法については環境省ホームページ、動物の輸入届出制度については厚生労働省ホームページにて最新のものをご確認ください。

ショップが守るべきこと

　ペットショップやブリーダーは、動物を適切に飼育管理しなくてはなりません。動愛法に基づく「第一種動物取扱業者が遵守すべき動物の管理の方法等の細目」(環境省告示)では、飼育施設の清掃、消毒、保守点検や脱走防止措置をとることが定められているほか

■ 動物が自然な姿勢で日常的な動作を容易に行える広さと空間をもつ飼育施設であること
■ 生態や習性、飼養期間に応じて遊具や砂場等の施設を備えること
■ 清掃を1日1回以上行うこと
■ 複数を飼養するさいにはその組み合わせを考慮し、過度な闘争の発生を避けること
■ 動物の生理、生態、習性等に適した温度、明るさ等を確保すること
■ 動物の種類、発育状況、健康状態等に応じた餌を選択し、適切な量と回数の給餌、給水を行うこと
■ 長期間連続して展示を行う場合には、動物のストレス軽減のために必要に応じて途中で展示を行わない時間を設けること

■ 繁殖のさいには遺伝性疾患等の問題のある動物、幼齢や高齢の動物を繁殖させないこと、また、みだりに繁殖をさせて母体に過度な負担がかからないようにすることなどが定められています。

　また、その動物の現在の状態を直接見せ(現物確認)、書面をもってその動物の特性や健康状態、飼育方法などを直接、説明(対面説明)する必要があります。対象となる動物は哺乳類、鳥類、爬虫類なので、ハリネズミも該当します。

家庭でハリネズミの繁殖をしている場合

　職業としてブリーダーをしているわけではなくても、家で繁殖させたハリネズミを頻繁に里親に出している場合には第一種動物取扱業の登録が必要なケースがあります。動物愛護管理法では、社会性をもって(特定の相手や少数を対象にしていないなど)、有償・無償は関係なく、一定以上の頻度又は取扱量で(年2回以上または2頭以上)、営利を目的として動物を取り扱っている場合がそれにあたります。詳しくは環境省の動物愛護管理室ホームページをご覧になったり、もよりの動物愛護センターに問い合わせてください。

販売時に説明すべき項目

- 品種等の名称　● 性成熟時の体の大きさ　● 平均寿命　● 適切な飼育環境
- 適切な食事と水の与え方　● 適切な運動と休養の方法
- 主な人と動物の共通感染症と、その動物がかかる可能性の高い病気の種類と予防方法
- その動物に関係する法令の規制内容　● 性別の判定結果　● 生年月日や輸入年月日
- 生産地　● その個体の病歴　● 遺伝性疾患の発生状況　　など

外来生物法

　外来生物法（特定外来生物による生態系等に係る被害の防止に関する法律）は、外来動植物による在来種の駆逐、交雑による遺伝的汚染、農林水産業への被害、人の生命や身体への被害などを防ぎ、生態系を守ることを目的とした法律です。2004年6月に制定されました。

　外来生物法では、アライグマ、カミツキガメ、ブラックバスなど特に影響の大きな外来生物を「特定外来生物」として指定し、無許可での輸入や飼育、野外に放すことなどが禁止されています。

特定外来生物に指定されているハリネズミ

　ハリネズミのうち、ハリネズミ属（マンシュウハリネズミ、ヒトイロハリネズミ、ナミハリネズミ）は2006年から特定外来生物になっていて、無許可での飼育はできません（注）。それ以外のハリネズミで特定外来生物に指定されているものはいません。

（注）特定外来生物は、特定外来生物として規制される前から飼っていた場合、規制から6ヶ月以内に申請すればその個体に限り、飼育が許可されます。新たに飼育を開始したい場合、学術研究等であれば許可を得ることが可能です。

未判定外来生物に指定されているハリネズミ

　特定外来生物になっているハリネズミ属とヨツユビハリネズミ以外のハリネズミはすべて、「未判定外来生物」に指定されています。輸入したいときには環境大臣・農林水産大臣宛に届出をし、生態系などへの被害がないと判断されれば輸入が可能となります。かつてヨツユビハリネズミに次いで飼育されていたオオミミハリネズミは未判定外来生物になっており、輸入に手間がかかるため、国内でほぼ見かけなくなったと考えられます。

ヨツユビハリネズミは大丈夫?

　ヨツユビハリネズミはどちらにも該当せず、飼育に規制はありません。

　ただし、屋外に捨てられたり、逃げ出したものが生態系に影響をおよぼすようになれば、飼育に規制がかかることもあり得るでしょう。寒さは苦手ですから、屋外で生き延びたり増えることはほとんどないでしょうが、暖かい地方であれば定着する可能性があるかもしれません。飼育に規制はなくても、もともと日本にはいない外来生物を飼っているのだという責任を十分に理解し、逃したり捨てたりしないようにしてください。

動物の輸入届出制度(感染症法)

　感染症法(感染症の予防及び感染症の患者に対する医療に関する法律)では、海外から持ち込まれた動物から感染症が広がることを防ぐために、動物の輸入届出制度が規定されています。

　ハリネズミでは、対象となっている感染症は狂犬病です。輸出国の政府機関が発行する衛生証明書において、そのハリネズミが輸出時に狂犬病の症状を示していないこと、狂犬病が発生していない地域で生まれたり捕獲、保管されていたこと、それ以外の地域の場合は過去1年間狂犬病が発生していない保管施設で生まれたり保管されていたことなどが証明されなくてはなりません。(一般の飼い主が、国内でペットショップやブリーダーから購入する場合には関わりがありません)

ペットフードに関連する法律

　ペットフードの安全性を確保するための法律として、2008年にペットフード安全法(愛がん動物用飼料の安全性の確保に関する法律)が施行されました。対象となっているのは犬猫のみですが、ハリネズミにはキャットフードを与えることもあるので、知っておくといいでしょう(79ページ参照)。

ハリネズミ COLUMN
日本で野生化したハリネズミ

　ヨツユビハリネズミを含め、すべてのハリネズミは日本に生息していない種類です。ところが、おそらくペットとして飼われていたハリネズミが脱走したり捨てられ、野生化していることが確認されています。古くは昭和30年代から、静岡県の伊豆高原周辺で保護されるようになり、1987年前後には神奈川県小田原市で繁殖が確認されました。同じ頃には岩手県、長野県、富山県で、1990年には栃木県真岡市で見つかっています。現在、静岡県の大室高原、神奈川県の小田原市、大井町、南足柄郡などにマンシュウハリネズミが定着していると考えられています。マンシュウハリネズミの本来の生息域は朝鮮半島や中国ですから、日本と気候が似ています。それも定着しやすかった理由のひとつでなのでしょう。

　ハリネズミが本来いなかったはずの場所に住み着くことで、在来種の鳥の卵や雛、昆虫類を食べて生態系を乱すおそれがあったり、同じ昆虫類を餌とするモグラやヒミズとの競合が心配されています。また、イチゴなどの農作物への被害もあるようです。

　前述のように、地域によってはヨツユビハリネズミが定着する可能性もないわけではありません。現在、野生化しているのは別の種類だから関係ないとは思わず、野生化したハリネズミが生態系にどんな影響を与えてしまうのかを考え、自分たちのハリネズミを決して屋外に逃がさないようにしてください。

マンシュウハリネズミ　写真提供：東京農業大学 野生動物学研究室

PERFECT PET OWNER'S GUIDES

Chapter 3

ハリネズミの
住まい

住まい作りの前に

Chapter 3
ハリネズミの
住まい

快適な住まいを用意しよう

ハリネズミには、居心地のいい住まいを用意してあげましょう。野生下なら、自分で住まいを探して移動することができますが、飼育下では不快だとしても引っ越しすることができません。室内に放して遊ばせる時間はあっても、生涯の多くの時間を過ごすのが住まいです。さまざまな点に配慮しながら、快適な住まい作りをしましょう。

習性を考えよう

ハリネズミがどんな習性をもち、どんな行動をする動物なのかを考えてみましょう。臆病な動物ですから、怖がらせるような物音がしないこと、安心して隠れられる場所があることは大切な要素です。運動量も多く、慣れてくると好奇心旺盛な様子も見せてくれるので、体も頭も使う機会のある住まいはおすすめです。

安全性を考えよう

ハリネズミを常に観察しているわけにはいきません。様子を見ていない時間のほうが多いですから、どんなときでも安全に暮らせるように配慮しましょう。脱走しないか、はさまって動けなくなるような場所はないか、落下するような場所はないかといったことや、寝床、トイレ、遊び場、食べ物、飲み水などへのアクセスがスムーズかといったことも重要です。

グッズ選びにあたって

「ハリネズミ専用」として研究開発されている飼育グッズはほとんどありません。ケージや飼育グッズを選ぶにあたっては、ハリネズミ以外の小動物用のグッズのなかから適切なものを選択していくことになります。ハリネズミを飼う人々が増えていくなかで、「実は○○用のグッズが使いやすい」などの知見は増えていくことと思います。また、飼育頭数が増えることで専用グッズの研究開発も行われやすい土壌もできていくことでしょう。専用ではないグッズを使うにあたっては、ハリネズミ用ではないことを十分に理解したうえ、安全に配慮しながら使ってください。

揃えておきたいグッズリスト

- ☐ 飼育施設（ケージ、水槽など）
- ☐ 寝床、シェルター
- ☐ トイレ、トイレ砂
- ☐ 床材（ペットシーツ、ウッドチップなど）
- ☐ 食器
- ☐ 給水ボトル
- ☐ 遊び用品（回し車、トンネル、砂場など）
- ☐ キャリーケース
- ☐ 季節対策グッズ（ペットヒーター、冷却ボードなど）
- ☐ 温湿度計
- ☐ 体重計
- ☐ 爪切り
- ☐ ピンセット　など

飼育施設(ケージ)の準備

Chapter 3
ハリネズミの
住まい

ケージ選びのポイント

タイプ

ハリネズミの飼育施設には、ケージや水槽などいくつかのタイプがあります。右にそれぞれの長所や注意点を挙げていますので、使いやすいものを選ぶとよいでしょう。

広さ

寝床や回し車など、飼育用品を設置してもなお十分な広さ(底面積)があるものを選びましょう。

海外の獣医学書では、最低限でも底面積は60×90cm、飼育者向けの情報では、24インチ四方(約60cm四方)、広いものだと手作りするさいの目安として4×3フィート(122×91cm)などさまざまです。広いに越したことはありませんが、一般には60×90cmほどの底面積を理想とし、可能な限り広い飼育施設を用意しましょう。

ケージの高さは、ハリネズミがなにかを支えにして後ろ足で立ち上がったときに頭がつかない程度あればいいのですが、屋根を設置しない場合には脱走防止のために十分な高さが必要です。

扱いやすさ

飼い主がケージを扱いやすいかということも選ぶさいのポイントになります。掃除をしやすいか、全体を洗うためにお風呂場などに持っていきやすいか、移動させやすいか、といったことも考えて選びましょう。

タイプ別の長所と注意点

ケージ

最も一般的な小動物の飼育施設。サイズが豊富で選択の幅が広いのが特徴です。ハリネズミにはウサギやモルモット用ケージが選択肢になります。扉が大きく開くタイプだと掃除や飼育グッズの出し入れがしやすいでしょう。金網ですから夏は風通しが良好ですが、冬場の温度管理には気を使います。ケージの底に金網が敷いてあるものは足を引っ掛けやすいので取り外すなどの注意が必要です。ロフトがあるとハリネズミの行動範囲を増やすことはできますが、落下事故が起きないようにしなくてはなりません。金網の幅

水槽、プラケース

保温性が高く、また内部の様子を観察しやすいのが特徴です。反面、風通しが悪いため、夏場の温度・湿度管理が重要になります。どうしても上部からアプローチすることになるので、ハリネズミを驚かさないよう慣らしていく必要があります。

ガラス水槽の場合、大きなサイズを選ぶと重く、管理しにくくなります。アクリル水槽のほうが軽く割れにくいですが、傷がつきやすく、高価です。

モルモット用などの大きめのプラケースを使うこともできます。軽いので取扱いやすいでしょう。水槽同様、保温性はよいですが夏場の温度・湿度管理が重要です。

衣装ケース

大きなサイズのものでも安価で手に入り、軽いので取扱いも楽です。空気穴や給水ボトル用の穴を開けるなど、加工をする必要があります。傷がつきやすく、細菌繁殖の温床となりやすいので衛生管理が大切になります。熱に弱いので、ペットヒーター使用時には注意しましょう。衣装ケースやプラケースなどの石油化学製品は、ごくまれにアレルギーの原因となることがあります。飼育開始後にアレルギー症状が出て、ほかに原因が見つからない場合は飼育施設を見直したほうがいいこともあります。

シャトルマルチ85（三晃商会）
W85.5×D48.5×H39.5cm

デュナマルティ（ファンタジーワールド）
W71×D46×H31.5cm

ハリネズミ用アクリルケージのお家
（ピュア☆アニマル）
W45×D35×H40cm（ケージ部分のみ）

基本の飼育グッズ

Chapter 3
ハリネズミの
住まい

床材

　飼育施設の底に敷きます。足裏の保護、排泄物で体を汚すことを防ぐ、防寒などが目的です。多くの種類があり、個体によっても使い勝手が異なりますが、足裏にやさしいこと、腹部や生殖器などを傷つけないこと（腹部が床に近いため）、歩きやすいこと、吸水性がいいこと、かじっても問題がないこと、アレルギーを起こさないこと、細かなほこりが出ないことなどを考えて選びましょう。また、手に入れやすさ、コストも決め手となります。数種類の床材を組み合わせて使ってもいいでしょう。

　なお、ダニの温床になったりカビたりしないよう、購入した商品は高温多湿にならない場所で保管してください。

● ウッドチップ

　木を削って作られた、いわゆる「おがくず」です。スギやマツなどの針葉樹でできたものは、芳香成分のフェノールという揮発物質を含み、アレルギー症状を起こしたり、呼吸によって体内に吸収されたあと肝臓や腎臓に悪影響を及ぼすことが知られています。ポプラ（アスペン）などの広葉樹のチップを選びましょう。

　木を原材料にしたものには、木くずを固めてペレット状にしたものもあります。

● そのほかの床材

　床材として市販されているものにはほかにも、紙製のチップやコーンの芯を使ったものがあります。いずれも吸水性がよく、白い紙製だと尿の色なども確かめやすいのがメリットです。

● トイレ砂

　猫用や小動物用のトイレ砂を使うことができます。木のチップを固めたもの、紙製のもの、おから製のものなどがハリネズミにはよいでしょう。万が一かじっても安全なもの、細かなほこりが出ないもの、濡れて固まらないものを選んでください。

● 牧草

　草食動物用の牧草（チモシー）のなかでも柔らかい、2番刈りや3番刈りを使うことができます。香りはよいですし、かじっても問題ありませんが、吸水性はよくありません。全体に使うよりも、部分的に敷いて変化をつけるような使い方ができます。茎や葉が長いものは

足にからんで歩きづらいことがあるので、適当な長さに切ってもいいでしょう。

● 布類
フリースなどのほつれにくい布を敷くこともできます。汚れやすいのでこまめに洗う必要があります。布をかじる個体には不向きです。

● ペットシーツ
吸水性やにおい対策に優れています。歩くときに爪を引っ掛けたり、下にもぐりこんでしまう、また、かじるような個体には向いていません。ペットシーツをずれないように底に敷き、その上にほかの床材を敷くような方法もできるでしょう。

● 新聞紙
広げて底に敷いたり、ちぎったりシュレッダーにかけて細くしたものを敷くことができます。シュレッダーにかけるときは、足にからまる事故を防ぐため、長くなりすぎないようにしてください。インクは植物性のものが用いられており、安全性の面ではそれほど心配ありませんが、インクの色がハリネズミの腹部などについてしまうことはあります。

ウッドチップ

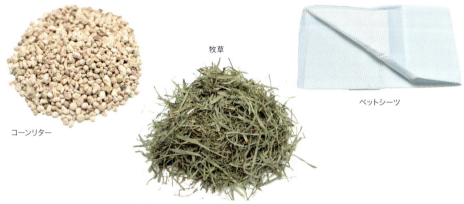

コーンリター

牧草

ペットシーツ

寝床

　安心して眠ったり隠れて休息できる寝床を用意しましょう。室内が明るくても、寝床の内部は薄暗くなっていることが必要です。市販の小動物用巣箱やダンボールで手作りしてもいいでしょう。巣箱の中で容易に方向転換できるサイズが適しています。爬虫類用や観賞魚用のシェルターを使うこともできます。素焼きの植木鉢を倒して置くのもいいでしょう。岩や石でできたものだと、登り降りしたり掘ったりするときに多少は爪が削れるという利点もあります。

　フリースなどの生地を袋状に縫ったハリネズミ用の寝袋もあります。海外では「ヘジーバッグ(hedgie bag)と呼ばれています。手作りするならフリース地のように目が詰まった生地がベストです。目が粗い布やタオルのようなループ状の布は避け、縫い目も細かくして爪がひっかからないように配慮します(66ページ参照)。糸がほつれたり、かじったりしていないか、時々確認してください。

木製の寝床

フリースの寝袋

籐製のシェルター

食器・水入れ

　食器は、ひっくり返さないような重みがあり頑丈なもの、ある程度深さがあるもの、衛生的なもの(プラスチック製だと傷がつきやすい)を選びましょう。陶器製やステンレス製がおすすめです。床材が食器に入るのを防ぐには、レンガなどを敷いて少し高い場所を作り、そこに食器を置く方法もあります。

　水は給水ボトルで与えるのが衛生的でよいでしょう。留守番させるときなど給水ボトルを使えないと困ることがあるので、早いうちに使えるようにしておきましょう。水をお皿で与える場合は食器同様、重みがあり、ある程度の深さがあるものを使います。床材や排泄物、食べかすなどで水が汚れやすいのでこまめに交換してください。

トイレ、トイレ砂

　決まった場所に排泄する個体もいるので、トイレトレーニングは可能です。市販品ならウサギ用やフェレット用の小型のものが使えます。保存容器の一部をカットして出入り口をつけたものでもいいでしょう。出入り口は低くなっていて、ハリネズミが出入りしやすいことを確認してください。トイレ容器は置かず、飼育施設の一角にトイレ砂を敷いておくこともできます。

　トイレ砂を使う場合は、濡れて固まらないタイプがおすすめです。固まるタイプはハリネズミの生殖器にくっついて固まるおそれがありますから注意が必要です。

陶器製の食器

給水ボトル(ケージ側面に取り付けるタイプ)

給水ボトル(床置きタイプ)

トイレ容器(ハリネズミ用)

トイレ容器(ウサギ用)

ハリネズミ用トイレ砂

そのほかの生活グッズ

Chapter 3 ハリネズミの住まい

体重計

健康管理のために欠かせません。0.5〜1g単位で計れるデジタルキッチンスケールが最適です。プラケースなどの容器に入れて測る場合を想定すると、最大計量は2kgくらいがいいでしょう。ハリネズミがじっとしていてくれるならそのまま載せて計測することもできます。

温度計&湿度計

ハリネズミは暑すぎるのも寒すぎるのも苦手なので、温度管理はとても大切です。同じ部屋でも人が感じる温度と、ケージが置いてある場所の温度に違いがあることもあるので、必ずハリネズミがいる場所の近くに温度計、湿度計を設置しましょう。水槽で飼育するなら、水槽内の温度、湿度も確認してください。

留守中に暑すぎたり寒すぎたりしなかったかを確かめるには、最高最低温度計を使うといいでしょう。

キャリーケース

動物病院に連れていくなど、ハリネズミを連れて出かけるときや、ケージ掃除をするときに一時的に移しておきたいときに使います。ハムスター用の大きめのもの、ウサギ用やフェレット用の小さめのものなどが使えます。移動時は中に寝袋を入れるなどして、もぐりこんでいられるようにすると安心します。

実用面だけなら、適当なサイズのプラケースで十分です。慣れていないハリネズミの健康チェックをするさいにも使えるので（ハリネズミを入れて底から腹部を見ることができる）、ひとつは用意しておいてもいいでしょう。

季節対策グッズ

暑さ対策にはケージ内に敷いておける、大理石などの天然石ボード、アルミボードなどがあります。寒さ対策にはペットヒーターやひよこ電球などがあります（103ページ参照）。

体重計（キッチンスケール）

キャリーケース

温度計&湿度計

キャリーケース（ケージタイプ）

ピンセット

　昆虫類を素手で持つのに抵抗があるときにはピンセットを使うといいでしょう。かみつく個体への給餌にも使えます。

爪切り

　爪が伸びすぎたら、爪切りをする必要があります。ウサギなど小動物用爪切り、人間用の爪切り、ベビー用爪切りなどが使えます。自分が扱いやすいものを選ぶといいでしょう。

革手袋

　ハリネズミは慣れれば素手で持てますし、飼い主のにおいに慣らしたほうがいいので、手袋は使わないに越したことはありません。素手で持てないときには厚手のタオルを使うこともできます。素手やタオルで持つことに不安があるなら革手袋を用意してもいいでしょう。厚手だと感覚が鈍り、力の入れ加減が難しいので、薄手のものを使います。

天然石ボード　　ペットヒーター

ピンセット　　革手袋

遊びグッズ

　一見するとあまり活発そうではありませんが、ハリネズミは活動的で好奇心旺盛な動物です。生活のなかに運動や遊びの要素を加えることは心身の健康のためにもとても大切なことです。いろいろな遊びグッズを取り入れてみましょう。

回し車

　回し車(ランニングホイール)を使うと、限られた飼育スペースで簡単に運動量を増やすことができます。大人のハリネズミだと直径30cm程度のものが適しています。小さすぎるものは背中が反った状態になり、負担が大きくなります。足場(ハリネズミが乗って走る場所)は隙間のない板状になったものか、目の細かいメッシュタイプのものを選んでください。網目が大きかったりはしご状になっているものは、足を踏み外してケガをする危険があります。爪をひっかけそうな隙間がないかも確認しましょう。回す音がうるさくないかどうかもチェックポイントです。

　お皿のような形状の回し車(フライングソーサー)もあります。背中を反らさずに使うことができるタイプです。

トンネル

　トンネルのおもちゃは、もぐりこむ、隠れる、登り降りする、掘るなどハリネズミのいろいろな行動を引き出してくれます。よく動き回れば多少は爪の伸びすぎを防げますし、まだ慣れていないときには安心できる隠れ家にもなります。市販の小動物用トンネル、ホームセンターで売っている塩ビ管や、ダンボールなどで手作りすることもできます。

サイズはハリネズミが楽に出入りできる直径のものを使ってください。管理しやすさを考えるとあまり長くないほうがいいでしょう。トンネル内で排泄することもあるので、洗いやすい材質のものや、手作りするならためらわず使い捨てできるものがいいでしょう。

砂浴び場

砂浴びを好むハリネズミもいます。野生下で行われている行動なのかもしれません。ハリネズミの体よりも大きめの容器に、小動物の砂浴び用砂（粗めのもの）を入れておきましょう。固まるタイプのトイレ砂は生殖器についてしまうことがあるので使わないようにします。ケージ内に常設するとトイレにしてしまうことがあるので、時間を決めて使わせる方法もあります。

そのほかのおもちゃ

犬猫用やフェレット用、ウサギ用のおもちゃをハリネズミに与えることもできます。かじったり、鼻先で押す、くわえて運ぶ、よじ登るなど、好奇心を働かせたり、いろいろな行動がみられるかもしれません。かじっても安全な素材であること、ハリネズミを傷つけたり、飲み込んだりするようなパーツがついていないもの、爪をひっかけるような素材ではないことなどを確認して選んでください。

崩れないよう注意しながらレンガで簡単な迷路を作ったり、登り降りできるようにしても、ハリネズミにはいい運動の機会になります。

回し車
（足場に隙間のないタイプ）

回し車
（落下防止の工夫がしてあるタイプ）

回し車（金網タイプ）

住まいのセッティングと置き場所

セッティングのポイント

ここでは住まいのセッティングの一例を紹介します。個体差も配慮しながら、それぞれのハリネズミが快適に暮らせる住まいを用意してください。

● 床
ケージで飼う場合は、足をひっかけるのを避けるために底の金網を外しましょう。床には床材を敷き詰めます。

● 寝床
四隅のうちいずれかに寝床を置きます。ケージの場合は、出入り口から遠い場所だとハリネズミが落ち着きます。広さに余裕があれば隠れられる場所を複数用意して好きな場所を選ばせてもいいでしょう。

● 食器
トイレから離れた場所に置きます。ケージの場合は、出入り口の近くがいいでしょう。

● 給水ボトル
少し顔を上げると飲み口に届くくらいの高さに設置します。実際に飲みやすそうか観察し、調整してください。

● トイレ
四隅のいずれかで、寝床や食事場所から離れたところに設置します。トイレ砂を敷くなどすれば、トイレ容器を置かなくてもいいでしょう。

● 回し車
ケージの隅に設置します。タイプによっては金網に取り付けるものもあります。回し車を使いながら排泄するので、回し車の下や周囲にペットシーツやトイレ砂を敷いておく方法もあります。

● 温度計&湿度計
できるだけハリネズミが実際にいる場所の温度、湿度が測れるようにします。

● ふた
水槽や衣装ケースで、ハリネズミが伸び上がったり、寝床などを足場にしたときに天井部分に届く程度の高さだと脱走するおそれがあります。必ずふたをしてください。

住まいの置き場所

住まいは、ハリネズミが落ち着いて快適にすごせる場所に置きましょう。家庭によって置ける場所はさまざまですが、できるだけよい場所を選んでください。

■ 騒がしすぎない場所に置きましょう。テレビやステレオなど大きな音の出るもののそばには置かないようにします。

■ 振動がない場所に置きましょう。騒がしい足音やドアの開閉による振動にも注意を。大きな道路に面している建物では、できるだけ振動が伝わらない場所に置いてください。また、テレビやステレオの音は振動としても伝わります。

■ 暑すぎる、寒すぎる、湿度が高すぎる、温度差が激しい、直射日光が当たるなど、極端な環境の場所は避けるようにしましょう。

■ 昼間は明るく、夜は暗くなる場所に置きましょう。適切な日長周期は、体内時計や恒

常性の維持、ホルモン分泌のバランスを維持するためにとても大切です。

■ お互いの無用なストレスやケガを避けるため、犬や猫、フェレットに限らず、ハムスターなどの小動物との接触にも注意しましょう。

■ 風通しのよい場所、ほこりっぽくない場所に置き、換気を心がけましょう。

■ 隙間風が吹き込むような場所は避けましょう。特にケージ飼育の場合には注意します。

■ エアコンからの送風がケージを直撃しないよう気をつけましょう。

■ 化学薬品など刺激的なにおいがしない場所に置いてください。家屋の外壁の塗装工事をするときなどは、できるだけ影響のない場所に移しましょう。

■ 目が行き届きやすい場所に置きましょう。ハリネズミも人の暮らしに慣れやすいですし、体調変化にいち早く気づくこともできます。

■ 落ち着いて過ごせる場所に置きましょう。部屋の中央部のようにいつも四方から人の気配がするような置き場所ではなく、壁に沿って置くといいでしょう。

■ 衣装ケースや水槽で飼い、ふたをしていない場合、上からものを落としたりする危険性のない場所に置いてください。

わが家の住まい紹介

Chapter 3
ハリネズミの
住まい

ハリネズミの数だけある個性ゆたかな暮らしぶり。
ここでは、みなさんの工夫あふれるハリネズミの住まいをご紹介します。
ぜひ参考になさってください。個体差も大きいので、
各ご家庭のハリネズミにフィットするかどうかは十分に吟味してご判断くださいね。

（情報は2015年11月～2016年2月にかけての内容です）

自作ロフトを楽しく登り降り

ホームセンターで購入した端材をボンドでくっつけて階段とロフトを作りました。ロフトの下にはうさ暖（ペットヒーター）ともこもこハンカチを入れてあります。3匹いますが皆、そこで寝ています。ケージから出たいときはロフトに登ってアピールするので、手を添えるとそこから手に乗ってきます。（jun*さん）

工夫多彩な手作りケージ

親子5匹とも、夫お手製のケージを使っています。写真はお父さん「ぐら」の住まいで幅90×奥行き60×高さ60cm。フレームは赤松で、前面にガラス板、背面に塩ビ板をはめています。天井と側面の一部は、換気と暖房器具の取り付けやすさを考え、アルミのパンチングメタルにしています。すべてのケージを一年中使えるよう、側面や底に断熱材を入れられるようになっています。

また、子どもたちのケージは引き戸になっていて、掃除がしやすいだけでなく、スキンシップのときにも上から手を入れて驚かさなくてすむので助かっています。

ケージ内の3階建てロフトや砂場もすべて手作り。ロフトには落下防止にガードレール（手すり）をつけました。なお、ケージひとつあたりの材料は15,000円くらいでした。
（meeさん）

安全に楽しくハリネズミラン

サークルで区切って作った遊び場所です。

❶敷きパッド（夏場は涼しい素材に変更）を敷き、サークルで囲みました。ブランケットの隠れ家がお気に入りです。（meeさん）

❷ジョイント式のマットを敷いた遊び場です。爪研ぎ用にケージにレンガを置いてもなかなか乗ってくれないので、猫の爪研ぎを投入してみましたが、爪は研げなかったですね。（Moeさん）

❸汚れたらすぐ拭くことができるように、ピクニックシートを敷いています。写真右奥は爬虫類用の洞窟型シェルターです。隠れられる場所を多くして安心して遊べるように設置しています。（まいさん）

❹180cm四方で、底には断熱シートと厚手のクッションマット、その上にペットシーツを敷いています。自作のダンボールトンネルや、好みの環境で休めるように複数の寝床を置きました。シェルターとトンネルの間にあった隙間にはまり込んでいたことがあったので、配置には注意しました。ある程度の距離をまっすぐに走れるよう、中央はスペースを開けてあります。（Yさん）

手作りモルタルハウス

モルタルは洗ってもすぐに乾く、湿度を下げる効果、夏はひんやり冬は暖かいなどのメリットがあります。モルタルハウスを作るときは、ハリネズミの手足が傷つかないよう紙やすりで磨き、仕上げに水洗いして削ったモルタルセメントを洗い流してくださいね。（浦野晶子さん）

ライブカメラで留守中もチェック

桐板とアクリル材を使った手作りケージです。仕事柄、夜勤があるため、家を空けているときに何かあってはと思い、ライブカメラを設置しました（ケージ天井部）。ハリネズミの出産時には非常に役に立ちました。家にいるときでも、寝る前などにハリたちが元気に活動してるのをチェックするために活用しています。（カキツラさん）

ケージ床にはペットシーツ

ダニ症を発症したため、清潔に保てるペットシーツをケージの床全面に敷いて使用しています。うちの子は特にもぐったりかじったりはしません。（はりんさん）

繁殖にもgood、亀用ケージ

Ⓐモクモクガーデンという亀用ケージです。寝床と遊び場が区切られているので、寝ているとき遊んでいるときに邪魔することなく掃除ができます。また、寝床エリアは屋根を閉められるので、繁殖のさいに落ち着いて出産や育児ができるだろうと考えて選びました。デザインがよかったのも決め手でした。

ⒷSAVICという海外ブランドのラビットケージです。メタルラックにケージを置いているので、前面が完全に開く物を探しました。掃除が楽ですし、日本ではあまり見ないビビットカラーも気に入りました。（かなりんさん）

ハリネズミにも配慮したおしゃれハウス

　幅90×奥行き45×高さ45cmの水槽で飼っています。ガラス水槽は観察しやすい反面、ハリネズミが落ち着かないと思い、背面の外側にカラーコピーで出力したレンガの壁紙を貼ってみました。左奥の寝床は100円ショップで購入した紙製のBOXです。一定周期で気軽に買い替えられます。木製プリントを選び、全体的にイメージを統一しています。（UCOさん）

スロープつきのアクリル製砂場

　写真では砂を入れていませんが、ハリネズミを飼っているお友達に作ってもらったオリジナルの砂場です（ケージ内左側）。掃除がしやすいようにとアクリル製です。出入り口は外側だけでなく内側にもスロープがついています。（Moeさん）

カラーボックスがケージに変身

　カラーボックスを加工してケージにしました。サイズは幅90×奥行き42×高さ30cmほどです。普通に使うと背面になる側を底にし、側面と棚板を取り外しています。手前側には塩ビ板を取りつけました。外した棚板を底に置き、段差ができるようにして、回し車の下に床材を敷いてあります。（しろまろさん）

住まいと遊び場をスロープで行き来

　爬虫類用ケージを生活スペースにし（写真右奥）、木製の手作りスロープで遊び場（左手前）に出られるようにしてあります。ペットシーツの上に厚みがあって柔らかい人工芝を敷いています。人工芝だと糞が取りやすくて掃除が楽です。夜になると砂場やホイール、トンネルなどで遊んでいて、とても可愛いですよ。（ちゃんえりさん）

ハリネズミ COLUMN

作ってあげよう、あったか寝袋

ハリネズミの寝床として人気の寝袋。手作りなら、お気に入りの柄やサイズのものを作ってあげることができます。ネットの記事を参考に、多和志ちゃんの寝袋を作ってあげたという多和志@ふーみんさんに、作り方を教えてもらいました。
(2015年12月取材)

作ってくれてありがとう♪

❶生地を裁断します。綿の生地（外側になる）を45×20cm、フリースの生地（内側になる）を55×20cmにカットします（縫いしろ1cmを含んだ大きさ）。
フリースは毛足が短く、目の細かいものがおすすめです。スウェット地でも代用できます。サイズは400gのハリネズミでちょうどいいくらいです。ハリネズミやケージの大きさに合わせてサイズを調節してください。

❷それぞれ生地を中表になるように半分に折り、両端▼を縫います。

❹綿とフリースがずれないようにまち針でとめます。はみ出しているフリースを折り返し、端をさらに1cm、内側に折り返して、ここもまち針でとめます。

❺ミシンで一周縫って完成です。

❸綿の生地を裏返してフリースにかぶせます。

もぐりこむの楽しいな〜

PERFECT
PET
OWNER'S
GUIDES

Chapter 4

ハリネズミの
食事

ハリネズミの食事を考えよう

Chapter 4
ハリネズミの
食事

未知数も多いハリネズミの食事

ペットとしての人気が高いハリネズミですが、飼育下でどのような食事を与えれば完全なのかはわかっていません。犬や猫、ウサギやハムスターなどではわかっている栄養要求量(どの栄養素をどのくらい摂取すれば体を維持できるのか)も、ハリネズミではわかっていません。

野生下でどんなものをどのくらい食べているかということについても、ナミハリネズミの野生下での食性はわかっていても、私たちがペットとして飼っているハリネズミ(ヨツユビハリネズミ)の食性はあまりよくわかっていません。

このような背景から、ハリネズミに何をどのくらい与えればいいかは、わかっている限りの野生下での食性、体のしくみ(歯や消化管など)、ナミハリネズミの研究による知見と、これまでのハリネズミ飼育の先輩たちが積み重ねてきた経験、情報などをもとにして考えていくことになります。それに加え、ハリネズミ個々の年齢、健康状態、活動性、体格、排泄物などを観察しながら修正していくことで、よりよい食生活を送らせることができるでしょう。

食事を考える前提として

食性は「昆虫食傾向の強い雑食性」

野生のハリネズミは、おもに昆虫、ミミズ、カタツムリやナメクジなどの無脊椎動物を食べています。そのほかにはカエル、トカゲ、ヘビ、鳥の卵や雛、小型哺乳類、死肉のほか、果実、種子、菌類(キノコ)なども食べるといわれます。右ページに挙げているのはナ

ミハリネズミでの調査結果です。昆虫類を中心とした動物質が食事の中心となっていることがわかります。また、100％の昆虫食ではなく、植物も食べている雑食性といえます。

野生下と飼育下との違い

昆虫類は高脂肪、高タンパクな食べ物です。一晩で体重の3分の1にあたる量を食べるといわれます。野生下のハリネズミは、栄養価の高いものをたくさん食べて暮らしています。しかしそれは、一晩に約3〜4kmを歩くという非常に多い運動量があるからこそ、栄養摂取と消費のバランスが取れているのです。野生下との暮らし方の違いを考えることも大切です。

既存の情報を利用する

ハリネズミ以外の動物の栄養についてわかっていることで、ハリネズミに反映させることができるものもあります。

動物は、成長過程によって栄養要求量が異なります。成長期の子どもたちや妊娠・授乳期のメスには十分な栄養が必要です。維持期(成獣期)よりも高タンパク、高脂質な食事を与えましょう。

また、ほかの動物と同様にカルシウムとリンが適切なバランスになるよう気をつけましょう。カルシウム：リン＝1.2〜1.5：1.0が理想的です。リンの比率が高すぎるとカルシウムの吸収を妨げます。

date
ナミハリネズミが食べているもの

項目	数	項目	数
甲虫目(オサムシ科)	78	クモ綱(クモ)	18
甲虫目(コガネムシ科)	18	クモ綱(ザトウムシ)	22
甲虫目(ゾウムシ科)	-	甲殻類(ダンゴムシ)	18
ほかの甲虫目	27	甲殻類(ハマトビムシ)	-
甲虫目の幼虫	15	多足類(ムカデ類)	2
バッタ目	19	多足類(ヤスデ類)	69
ハサミムシ	82	ミミズ	53
カメムシ目(ヨコバイ亜目)	2	ナメクジ	26
カメムシ目(カメムシ亜目)	2	カタツムリ	32
ハチ目	42	両生類	-
チョウ目(成体)	18	爬虫類	<1
チョウ目(幼虫/さなぎ)	67	成鳥/幼鳥	8
ハエ目(成体)	11	鳥の卵	-
ハエ目(ガガンボ)	-	哺乳類	3
ハエ目(ほかの幼虫)	6	植物	82
ほかの昆虫	-		

(注) 数値は、その食べ物の出現度数(97件中)です。"Hedgehogs"(Nigel Reeve)より

栄養の基本を知ろう

Chapter 4 ハリネズミの**食事**

栄養が体を作る

ハリネズミに限らず、動物はものを食べることによって栄養を摂取しています。食べたものは体内で消化、吸収され、代謝によって体内で働く形に合成、分解されます。それがエネルギー源となったり、体の構成成分や生理機能を調節する成分の材料となって動物の体を支えています。

体外から取り込まれる、動物が必要としている成分を「栄養素」といいます。栄養素はそれぞれが決まった役割を持ち、相互に影響しながら働いています。適切な栄養素を摂取できるかどうかは、動物の成長、健康、免疫力、繁殖や寿命などに大きな影響をもたらします。

三大栄養素（炭水化物、脂質、タンパク質）

生きていくためのエネルギー源になるのが、三大栄養素です。

● 炭水化物

特に主要なエネルギー源となるのは炭水化物のうちの「糖質」です。単糖類（ブドウ糖、果糖など）、少糖類（ショ糖、オリゴ糖など）、多糖類（デンプン、グリコーゲンなど）といった種類があります。エネルギー源として全身に運ばれたり、肝臓や筋肉に蓄積されます。糖質が欠乏するとエネルギー不足となり、過剰だと肥満や糖尿病のリスクがあります。

繊維質も炭水化物の一種です。不溶性食物繊維と水溶性食物繊維があり、どちらも動物が持つ消化酵素では分解できず、腸内細菌によってその一部が分解されます。繊維質には腸の働きを刺激する、腸内の有害物質を排出するのに役立つ、消化管内の環境を正常に整えるなどの役割があります。

炭水化物 — エネルギー源となる
脂質
たんぱく質 — 体を作る成分となる
ミネラル
ビタミン — 体の調子を整える

◯ 脂質

タンパク質や炭水化物よりも効率のよいエネルギー源です。また、細胞膜、血液、神経組織、ホルモンなどの原料になる、免疫物質を作る、血管の防御、脂溶性ビタミンの吸収を助けるといった働きをしたり、体内で合成できない必須脂肪酸の供給源となります。脂肪酸の構造によっていろいろな種類があり、犬や猫では、ω6系のリノール酸、アラキドン酸、ω3系のαリノレン酸が必須脂肪酸です。脂質が欠乏するとエネルギー不足、治癒力の低下、皮膚の乾燥などが見られ、過剰だと肥満や脂肪肝、高脂血症のリスクがあります。

◯ タンパク質

筋肉、皮膚、毛、爪、骨、臓器など体内の組織を構成する成分になります。また、血液、酵素、ホルモン、免疫物質に関与します。エネルギー源にもなります。タンパク質が欠乏すると、成長の遅れ、痩せ、被毛や皮膚の状態の悪化、胎子への影響(成長の遅れ、脳細胞数の減少など)、免疫力の低下などが起こります。過剰に摂取すると肝臓や腎臓に負担がかかったり、糖質や脂質に移行するものもあるために肥満の原因ともなります。

ビタミン、ミネラル

ビタミンやミネラルはエネルギー源にはなりませんが、非常に重要な栄養素です。

◯ ビタミン

代謝を助ける補酵素など、生命の維持に欠かせない働きをする栄養素として、微量でも欠かすことができません。ビタミンは体内で合成できますがそれだけでは不足するため、食事としても摂取します。

水溶性(ビタミンB群、C)、脂溶性(ビタミンA、D、E、K)があります。ビタミンCには抗酸化作用があり、ビタミンDはリンとカルシウムの結合に欠かせないなど、それぞれにさまざまな働きがあります。水溶性ビタミンは尿と一緒に排泄されるので欠乏しやすく、脂溶性ビタミンは脂質に溶け、肝臓に蓄積するので過剰になりやすいという特徴があります。

◯ ミネラル

体内に存在する元素のうち、炭素、窒素、酸素、水素以外の無機質のことです。体の構成要素となる、電解質として浸透圧などの調節に関与する、酵素やホルモンを構成して体の機能を調節するなど、大切な役割を担っています。必須ミネラルは24種類で、体内の存在量により主要ミネラル(カルシウム、リン、カリウム、マグネシウム、ナトリウム)、微量ミネラル(亜鉛、マンガンなど)があります。

ハリネズミといくつかの栄養素について

動物によって、食べ物から必ず摂取しなくてはならない栄養素というものがあります。たとえば人を含む霊長類やモルモットは体内でビタミンCを合成することができないので、体外から取り入れる必要があるといったものなどがあります。

ハリネズミに必要な栄養素についてはまだわかっていないこともありますが、現時点では以下のようなことがいえるでしょう。

必須アミノ酸、特にタウリンについて

アミノ酸はタンパク質を構成する20種類の成分です。なかでも必須アミノ酸は体内で合成されないため、食事から摂取しなければなりません。動物性タンパク質には、必須アミノ酸がバランスよく含まれています。ハリネズミの必須アミノ酸ははっきりわかっていませんが、猫の場合にはイソロイシン、ロイシン、リジン、メチオニン、フェニルアラニン、スレオニン、トリプトファン、バリン、ヒスチジン、アルギニン、タウリンという11種類があります（人はこのうち9種、犬は10種が必須アミノ酸）。ハリネズミでも大きな違いはないのではないかと思われます。

必須アミノ酸のなかでもタウリンは猫では重要なもので、欠乏すると網膜変性や心筋症の原因になるといわれています。海外の飼育書では、ハリネズミにもタウリンが有益であるという情報を載せているものもあります。

L-カルニチンについて

心臓疾患の予防として、L-カルニチンを推奨する海外の文献があります。L-カルニチンはアミノ酸の一種です。L-カルニチンはかつてビタミンBTと呼ばれ、ミールワームの成長因子として発見された物質です。人の場合は、必須アミノ酸のリジンとメチオニンから体内で合成されます。マトンやラム、牛肉に多く含まれています。

繊維質を与える必要性

ハリネズミがおもに食べているのは外骨格（甲虫のように体の外側に硬い殻がある）の昆虫類です。外骨格はクチクラというタンパク質で構成されています。クチクラは植物の表面をおおうものでもあり、消化しにくい成分です。また、昆虫類のなかには草を食べているものもあり、間接的に繊維質を摂取しているともいえます。

こうしたことから、ハリネズミには消化しやすい肉類をおもに食べる肉食動物（肉食傾向の雑食動物）の栄養要求量よりも多い難消化性成分、すなわち繊維質を必要としていると考えられます。

ハリネズミの基本の食事

飼育下での基本メニュー

ペットのハリネズミの食事としては、市販のペットフードやさまざまな動物性タンパク質、そのほかの食材のなかから適切なものを選んで与えます。

現時点で、ハリネズミには主食として肉食動物や昆虫食動物用のペットフード（ハリネズミフードやキャットフードなど）を与え、副食やおやつとして動物性タンパク質、果物・野菜などを補助的に与えるのが適しているといえます。

栄養面や健康面では、十分な量の動物性タンパク質を含むこと、繊維質もある程度の量を含んでいることがポイントです。歯の健康面を考えると、硬すぎる食べ物も柔らかくてべとつくような食べ物も不適当です。食材の大きさによっては歯の間にはさまることもあり、注意が必要です。また、環境エンリッチメントという点からは、生きた昆虫類を与える機会もあるとよいでしょう。

体重や体格、排泄物の状態をよく観察し、動物病院での定期的な健康診断の結果も参考にしながら、必要に応じて食事内容を調整していきましょう。

（注）環境エンリッチメント：動物福祉の立場から、飼育されている動物が身体的、精神的、社会的に健康で幸福な暮らしを実現させるための具体的な方法のこと。野生下で行っている行動レパートリーや時間配分を再現させること。

ハリネズミに必要な栄養要求量の目安

タンパク質　30〜50%
脂質　　　　10〜20%
繊維質　　　約15%

ハリネズミの基本メニュー

ペットフード

副食

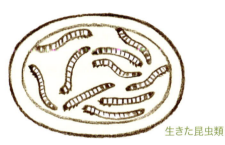

生きた昆虫類

食事の与え方

与える量とバランス

ハリネズミに与える食事量とバランスの目安は下記のとおりです。ただし、個体によって体の大きさ、活動量や代謝などは異なります。これを目安としつつ、ハリネズミが食べ残さない適量を見きわめてください。ハリネズミの健康状態や体重、体型を観察しつつ調整しましょう。

成長期や妊娠中、授乳中には栄養要求量が増えますから、多めに与えてください。特に動物性タンパク質を十分に与えましょう。

肥満体型のハリネズミは少なくありませんが、ダイエットさせようと思う場合は食事量を減らすのではなく、低タンパク、低脂肪のフードに切り替えるなど（88ページ参照）、与えているものの栄養価を見直すようにしてください（環境の見直しも行いましょう）。

与える回数と時間

野生のハリネズミは、一晩の間にあちこちで昆虫類を捕食しながら歩き回り、少しずつ何度も食べる少量頻回食です。ハリネズミの世話に手間をかけることができるなら、夜間、数回に分けて与えるのが理想的です。ただし現実的には簡単ではないので、基本的には夜、ハリネズミが活動を始めてしばらくしてから1回、与えるようにしましょう。もし余裕があるなら、夜、早めの時間と夜中など、2回に分けて与えることもできます。

ハリネズミの1日の食事の目安

- 主食（ハリネズミフードなど）……………………大さじ1〜2杯
- そのほかの動物質（ゆでたささみ、ゆで卵など）……小さじ1〜2杯
- 生餌（ミールワームなど）……………………………少量
- 野菜や果物（ニンジン、リンゴなど）………………小さじ半分

ハリネズミの主食 ペットフード

Chapter 4 ハリネズミの食事

ペットフードの特徴

　ハリネズミフードやキャットフード、ドッグフードのように、ペットの種類ごとに作られている専用の飼料を一般に「ペットフード」や「ペレット」などといいます。

　ペットフードの大きな特徴のひとつは、栄養バランスがよいという点です。食材を別々に与えた場合、好きなものだけを食べ、嫌いなものを食べないことがあります。しかしペットフードは細かくした原材料が混ざっているため、バランスよくさまざまな栄養素を摂ることができるわけです。

ドライかウェットか

　ハリネズミ用フード、犬猫用フードには水分がきわめて少なく固形のドライタイプと、缶詰フードに代表されるウェットタイプがあります。また、ドライタイプはお湯をかけてふやかし、ウェットな状態にして与えることもできます。

　ハリネズミにはどちらのタイプが適しているのかについてはさまざまな考え方があります。

　ドライタイプは噛み砕くときに十分に歯を使うために歯垢がつきにくく、歯石になりにくいので歯周病を防ぐ助けとなるといわれています。その点では、ウェットタイプは歯につきやすいという問題があります。

　しかし野生のハリネズミは、極端に硬いものを食べているわけではありません。ドライフードのような硬いものは、歯に負担をかけすぎるともいわれます。粒の大きさによっては歯の間にはさまることもあります。ウェットタイプは柔らかいので、歯への負担はありません。

　このように、どちらのタイプにもいい点と注意すべき点があります。現時点でよく用いられている方法は、ドライタイプのフードをふやかして与えるというものです。

ハリネズミフード

ハリネズミの人気が高まるにつれ、国産ブランド、海外ブランドを含め、国内で購入できるハリネズミフードの種類も多くなってきました。以前はハリネズミに与えるフードといえばキャットフードでしたが、現在はハリネズミフードを与えるのが定番となってきています。

ハリネズミフードを選ぶにあたって

ハリネズミフードを選ぶさいには、原材料や成分表示をよく吟味しましょう。ただし、キャットフードやドッグフードと違って、ペットフード安全法の対象ではありませんし、パッケージの表示を規制する規約がありません（79ページ参照）。信頼できるブランドかどうかを飼い主が判断し、キャットフードやドッグフードに準じているという前提で表示を確認するしかないというのが現状です。

● 原材料

家禽や獣肉などの動物質が主であることが必要です。ハリネズミフードの場合、常識的には原材料は多い順に表示されているので（ドッグフード、キャットフードでは多い順に表示しなくてはならない）、上位に書かれたものを確認しましょう。

● 成分表示

73ページを参考にしてください。ハリネズミの栄養要求量は明確ではなく、さまざまな意見があることと思います。掲載の数値と若干の違いがあっても大きな問題はないでしょう。

● 内容量

開封するとフードの劣化が進みます。一度にたくさんの量を食べるわけではないので、容量の小さいもののほうがフードの品質を維持できると思われます。

● 賞味期限

賞味期限や製造年月が記載されていることを確認しましょう。

ハリネズミフードの栄養価

	粗タンパク(%以上)	粗脂肪(%以上)	粗繊維(%以下)	備考
ハリネズミフードA	35.01	14.07	4.43	ドライ
ハリネズミフードB	32.0	12.0	6.0	ドライ
ハリネズミフードC	32.0	6.0	6.0	ドライ
ハリネズミフードD	32.0	5.0	6.0	ドライ
ハリネズミフードE	30.0	12	3.5	ドライ
ハリネズミフードF	30.0	10.0	9.0	ドライ
ハリネズミフードG	30.0	8.0	5.0	ドライ
ハリネズミフードH	29.0	5.0	4.5	ドライ
ハリネズミフードI	28.0	5.1	7.9	ドライ
ハリネズミフードJ	9.5	6.0	0.5	ウェット
食虫目フードA	28.0	11.0	13.1	ドライ
食虫目フードB	35.01	14.07	9.0	ウェット

ハリネズミフード
（三晃商会）

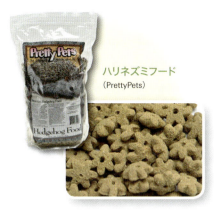

ハリネズミフード
（PrettyPets）

ハリネズミフード
（Brisky Pet Products）

ハリネズミフード
（Pet-Pro）

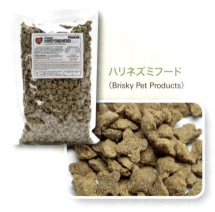

ハリネズミフード
（Brisky Pet Products）

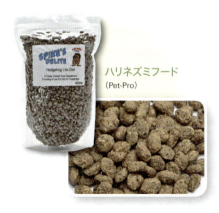

ハリネズミフード
（Pet-Pro）

バリエーションをつけよう

　ハリネズミフードは通常、そのフード一種類と水だけを与えていれば健康に飼育できる栄養バランスで作られています。しかし、ハリネズミには偏食な個体や、目新しいフードを受け入れにくい個体も多いものです。一種類のフードのみに慣れてしまうと、食べられるメニューの幅が広がりません。ロット変更、欠品や廃番、災害などによる流通のトラブルなど、なにかの理由でそのフードが手に入らなくなったときに困ることになります。そうしたリスクをできるだけ回避するため、日頃から複数の種類のフードを与えるようにするのもいい方法です。

国内外のメーカーから、多くのハリネズミフードが販売されています

ハリネズミフードにもウェットタイプがあります

食虫動物用フード

ハリネズミやフクロモモンガなどの昆虫類を食べる動物用のフードです。ハリネズミの食事にバリエーションを与えることができるでしょう

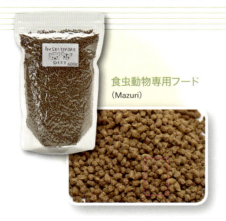

食虫動物専用フード
（Mazuri）

ウェットタイプの食虫動物専用フード
（Exotic Nutrition）

そのほかのフード

● キャットフード、ドッグフード

　日本では、ペットフード安全法という法律によって犬猫用の飼料の安全性が担保されています。ハリネズミ用フードはその対象ではありません。そのため、以前ハリネズミの主食として広く用いられていたキャットフードを与えるほうがよいという考え方もできます。製造メーカー数も商品数も圧倒的に多く、選択肢の幅がきわめて広いのも利点といえます。

　キャットフードを与える場合には、低脂肪なライトタイプがいいでしょう。ドッグフードも選択肢のひとつですが、より高タンパクなキャットフードのほうが適しています。

　ドライタイプをそのまま与える場合には、粒の大きさにも注意してください。歯の間や上顎にはさまることがあるので、大きいものは小さく砕くといいでしょう。

● フェレットフード

　高タンパクで高脂質です。たくさん与えていると太りやすくなりがちなので、注意が必要です。

ペットフード安全法と公正競争規約

　「ペットフード安全法」は2008年に制定された法律です。犬猫用飼料を対象としてフードの基準(製造方法、表示)と規格(添加物などの基準値)が定められ、フードの製造、輸入、販売に関わる業者はそれを守らなくてはなりません。

　また、ペットフード公正取引協議会が制定している「ペットフードの表示に関する公正競争規約」は、消費者庁の認定を受けているペットフード業界の自主ルールです。多くのフードメーカーが加入しています。

　キャットフードやドッグフードに「総合栄養食」と記載するには、そのフードと水を与えていれば成長段階ごとの健康が維持できる、栄養的にバランスのとれたものでなくてはなりません。分析試験や給与試験による裏付けがあるものに限って、「総合栄養食」の表示が許されています。ほかにも、原材料を重量の割合の多い順に表示することなど多くの項目が規定されています。

　ペットフード安全法も公正競争規約も、ハリネズミフードは対象ではありませんが、ハリネズミのためにキャットフードを選ぶにあたっては、信頼の裏付けとなるものでしょう。

ペットフードの表示

＊「ペットフードの表示に関する公正競争規約」で定められている表示(犬猫用飼料)

1. ペットフードの名称
2. ペットフードの目的
3. 内容量
4. 給与方法
5. 賞味期限
6. 成分
7. 原材料名
8. 原産国名
9. 事業者の氏名または名称および住所

動物質の副食

副食として動物質を与える目的

　ハリネズミは、野生下ではおもに昆虫類などの動物質の食べ物を食べています。主食として与えるハリネズミフードやキャットフードも動物質の原材料ですが、そのほかにも副食として動物質の食べ物を与えましょう。

　フード類はどうしてもつなぎとして穀類や大豆類などを加えているので、副食を与えることで動物性タンパク質を補給することができます。前述のように、外骨格の昆虫類を食べることで歯の健康にも役立つでしょう。

　動物質の食べ物を本能的に好む個体も多いでしょう。特に、さまざまな種類ごとに異なる噛みごたえ、味わいは、ハリネズミを本能的に満足させることになるのではないかと考えられます。「狩り」をさせるような与え方をすることもできます。こうした強い嗜好性は、同じフードばかりで単調になりがちな食生活に変化を与えたり、食欲増進の助けにもなるでしょう。また、多くの食材から栄養を摂ることによって、微量な栄養素の補給になることも期待したいところです。

　ただし、生き餌を中心とした食事では栄養バランスを崩し、肥満などの問題もあります。生き餌を上手に食事に取り入れ、そのメリットを十分に生かしましょう。

動物質の副食の種類

　動物質の副食は、ペット用に販売されているものと、人が食材とするもののふたつに大きく分けることができます。

　ペット用としては「昆虫類（ミールワームなど）」「昆虫類以外の動物質（ピンクマウスなど）」があります。人が食材とするものには「獣肉、家禽（ささみ、卵など）」「乳製品（カッテージチーズなど）」があります。

　ハリネズミの嗜好性、飼い主にとっての扱いやすさなどに応じて与えるといいでしょう。

昆虫類の種類

● ミールワーム

　昆虫類の代表的なものは「ミールワーム」です。ミールワームはチャイロコメノゴミムシダマシという甲虫の幼虫です。2cmほどの長さです。雑食性や昆虫食性の小動物の餌として、小動物を扱っているペットショップや鳥

専門店、爬虫類専門店などで手に入れることができます。幼虫から数回の脱皮ののち、さなぎとなり、そのあと成虫へと成長します。どの段階でもハリネズミに与えることができますが、幼いハリネズミには脱皮したばかりの軟らかいものが食べやすいでしょう。

ミールワームは手軽に入手できる昆虫類としてよく使われますが、カルシウムとリンのバランスが悪いので、購入したら別容器に移して餌を与え、栄養価を高めてから与えるようにしてください（83ページ参照）。

● そのほかのワーム類

爬虫類専門店や肉食熱帯魚を扱うアクアショップでは、ほかにもワーム類が販売されています。

ジャンボミールワーム（ジャイアントミールワーム）は、ツヤケシオオゴミムシダマシの幼虫です。長さ4cmを越えるようなかなり大きいタイプです。ミールワーム同様、栄養価を高めてから与えるといいでしょう。ほかにはワックスワーム（ハニーワーム。メイガという蛾の幼虫）、シルクワーム（蚕）などがあります。

● コオロギ

フタホシコオロギと、それより小さめなイエコオロギの2種類があり、フタホシのほうが動きが遅いので、ハリネズミに捕食させたいならフタホシが適しています。週齢によってサイズが異なります。脱皮したばかりのものがやわらかく、食べやすいようです。家で殖やすのも難しくありません。

● ミミズ

釣り餌として販売されています。アカミミズ、ドバミミズを選んでください。シマミミズにはライセニンという中毒症状を起こす成分が含まれていることが知られています。

生き餌以外の昆虫類

生き餌の場合、餌を与えて飼ったり、死んでいるもの（冷凍品）なら冷凍庫に保管しなくてはならないなど、ストックしておくのが難しいこともあります。また、生き餌を与えるのに抵抗のあるケースもあるでしょう。そのような場合、缶詰入りのものやパッケージ入りのものもあります。

缶詰入りの
コオロギ、ミールワーム

ミールワーム

コオロギ
（フタホシコオロギ）

昆虫類の与え方

　昆虫類を与えることは、ハリネズミの生活のなかで野生の本能を再現させるよい機会になります。嗅覚を存分に使ったり運動の機会にもなる、興味深い与え方ができるでしょう。

　おやつとして手から与えるときは、ピンセットやトング、割り箸などを使ったほうがいいでしょう。手のにおいとおやつが関連づけられ、手にかみつくようになることがあります。

　ミールワームをお皿に入れて飼育施設の中に置くときは、ある程度の深さがあり、縁が垂直になっていて、表面がつるつるしたガラス容器がいいでしょう。ミールワームが逃げ出しにくくなります。

　与えたミールワームを少しずつ食べさせる方法として、ペットボトルを使うというものがあります。ミールワームが出られる程度の穴をボトルにいくつか開けて何匹かミールワームを入れ、それをハリネズミと一緒に水槽に（ケージだとミールワームが脱走する心配があります）入れておきます。すべてのミールワームがすぐに出てしまうことはないので、ハリネズミは時間をおいてミールワームの捕獲を楽しむことができます。

　飼育施設の隅やシェルターの陰などあちこちに昆虫類を隠しておき、ハリネズミに探させることもできます。隠す直前に虫を死なせておき（熱湯に入れる、冷凍するなど）、残った虫は翌朝には必ず回収してください。

　また、飼育施設内に直接生きた昆虫類を放すこともできますが、食べ残したり死んだものを必ず翌朝には回収すること、虫が施設から脱走しないこと、生きた虫がいるのをハリネズミが嫌がらないことなど、いくつか注意が必要です。コオロギやジャンボミールワームがハリネズミを噛むこともあるようです。

> コオロギ、バッタ、カタツムリ、ナメクジ、ミミズなどは、野外で採集することも可能です。しかし、農薬、化学肥料、除草剤、排気ガスで汚染された場所での採取や、有害物質で汚染された土壌に生息するものの採取は避けなくてはなりません。ハリネズミにとっては未知の病原菌の感染リスクも考えられます。

date
昆虫類などの栄養価

	タンパク質 (%)	脂肪 (%)	繊維 (%)	カルシウム	リン	備考
イエコオロギ	64.9	13.8	9.4	0.14	0.99	
カッショクツリミミズ	62.2	17.7	9.0	1.72	0.90	
ミールワーム（成体）	63.7	18.4	16.1	0.07	0.78	
ミールワーム（幼虫）	52.7	32.8	5.7	0.11	0.77	
ミールワーム（さなぎ）	54.6	30.8	5.1	0.08	0.83	
ジャイアントミールワーム（幼虫）	45.3	55.1	7.2	0.16	0.59	
ツチミミズ	60.7	4.4	15.0	1.52	0.96	
ワックスワーム（幼虫）	42.4	46.4	4.8	0.11	0.62	
ピンクマウス	64.2	17.0	4.9	1.17	-	Ca:P比 0.9〜1.0:1

ミールワームの育て方

　買ってきたままのミールワームは栄養状態がよくなく、カルシウムとリンのバランスも悪いので、しばらくの間、餌を与えて栄養価を高め、それからハリネズミに与えるようにしましょう。

❶ プラケースを用意します。乾燥パン粉やオーツブラン、ペットフード(ハリネズミ用、鳥用、餌昆虫用など)を砕いたものとカルシウム剤を混ぜ、床材として敷き詰めます。入れるミールワームの数にもよりますが、床材の厚さは3〜5cm程度が目安です。餌昆虫用のフードは、爬虫類専門店などで扱っています。
❷ ふたを必ず用意し、成虫が脱走しないようにしてください。ただし風通しを確保することも大切です。
❸ 販売されていたパッケージからミールワームだけを取り出して移します。ざるを使ってふるいにかけると楽です。

❹ 餌として、リンゴなどの果物やニンジンなどの野菜にカルシウム剤をふりかけたもの、フードをふやかしたものなどを床材の上に置いておきます。
❺ 餌は2〜3日で取り換えます。脱皮した殻、死体も取り除きます。
❻ 3週間以内にさなぎになります。そのままにしておくと食べられてしまうので別の容器に分けたほうがいいでしょう。さなぎになってから2週で甲虫になります。
❼ ミールワームの成長を止めたいときは冷蔵庫に入れておきます。暖かい場所に置けば成長します。

コオロギの育て方

❶ プラケースか衣装ケースを用意します。底には新聞紙やキッチンペーパーを敷くか、土（ペット用や昆虫用）を浅く敷き詰めます。

❷ コオロギが暮らす場所の面積を広くし、隠れられる場所を作るため、新聞紙や厚紙を蛇腹に折りたたんだりクシャクシャにしたもの、紙製の卵パックなどを置きます。

❸ コオロギが脱走しないようふたを必ず用意しましょう。ただし風通しの確保も大切です。

❹ 餌として、餌コオロギ用のフード、ハリネズミフードやキャットフード、野菜くずにカルシウム剤をふりかけたもの、煮干などを小皿に用意します。餌コオロギ用のフードは爬虫類専門店などで入手できます。

❺ コオロギには水分の用意も必要です。水の入った容器をそのまま入れるとおぼれてしまうので、水をひたしたスポンジやガーゼを小皿に用意します。

❻ プラケースは、温度25度程度（寒い時期は保温をする）、風通しのいい場所に置きます。

❼ 食べ残した餌、脱皮した殻、死体は毎日取り除き、週に1回は床材を入れ換えてください。

❽ 増やしたい場合は、産卵場所として小さい容器に湿らせた土を入れたものをプラケースの中に置きます。

❾ 産卵したものをそのままにしていると食べられてしまうので、別の容器に移して孵化させたほうが効率的です。その場合、25～30度の温度にし、乾燥しないよう（しかし濡らしすぎないよう）、霧吹きをします。

❿ 孵化したら、成虫と同じようにして飼育します。脱皮を繰り返しながら成長します。

そのほかの動物質の与え方

ペット用の動物質

　昆虫類のほかにも、ハリネズミの食事メニューに加えることのできる動物質の食材は数多くあります。

　ピンクマウスは、生まれたばかりのマウスの幼体で、栄養価が高く、嗜好性も高いものです。食欲がないときや栄養をつけたいときにはよいメニューですが、与えすぎると太りやすいので注意が必要です。おもに爬虫類専門店で入手できます。冷凍してあるものは、与えるときは必ず常温に戻してからにしてください。

　ピンクマウスの外見に抵抗がある場合は、ミンチをソーセージ状にしたもの（レップミール）もあります。

　また、ふだんドライタイプのフードを与えているならウェットタイプのフードも目先が変わっていいでしょう。犬猫用の手作り食の素材にも獣肉を使ったものがあります。

人用の食材

　私たちが食べるもののなかにも、ハリネズミに与えることができるものがあります。

　獣肉では、高タンパクで脂肪分の少ない鶏ささみをゆでたものや、レバー（肝臓）やハツ（心臓）などの内臓肉をゆでたものを与えることができます。サルモネラ菌汚染の心配があるので、生では与えないようにしてください。ゆで卵もよいでしょう。乳製品では脂肪分の少ないカッテージチーズ、ヨーグルト、乳糖を分解しやすいヤギミルクがあります。

　海外の飼育情報には、動物質として焼いたりゆでたりした牛、鶏、アヒル、ラム、七面鳥、魚や、まるごとゆでたエビを刻んだものなども挙げられています。

ピンクマウス

レップミール

ささみ

レバー

卵黄

カッテージチーズ

そのほかの食べ物

野菜や果物など

　野生のハリネズミは、量は少ないですが果実など植物性の食べ物も食べています。また、繊維質を与える必要性を考えた場合、野菜はそのよい供給源になります。

　基本的には、ほかの小動物が飼育下で与えられているものならハリネズミにも与えることができます。食べやすい大きさに切って与えてください。

　野菜ではニンジン、サツマイモ、キャベツ、コマツナ、カボチャ、トマトなど。ニンジンやサツマイモ、カボチャなどはふかしたり、キャベツやコマツナなどはゆでて刻むこともできます。

　果物ではリンゴ、バナナ、ナシ、ベリー類や、旬の果物を与えることができます。ただし果物は与えすぎると肥満の原因になるので量には注意が必要です。

　そのほかには、ゆでた豆類や豆腐、味つけされていないベビーフードもメニューに加えることができます。

　これらの食材は少量をあくまでも補助的に与えるようにしましょう。

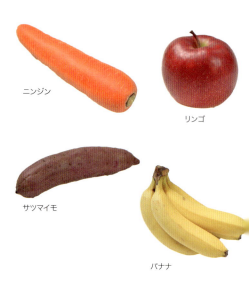

ニンジン

リンゴ

サツマイモ

バナナ

食生活のプラスアルファ

食事のバリエーション

　食事内容は、定番メニューを決めたうえでバリエーションをつけることをおすすめします。さまざまな食べ物に慣れておくことは、たとえば病気などで食欲を失っているときなどに、「打つ手が多い」ということになります。

　また、正確な栄養要求量や必要な栄養素についての情報が少ないことを考えると、できるだけ食事にバリエーションをつけることで、栄養バランスの偏りを防ぐ安全策にもなるでしょう。

個体差への対応

　個体による食事内容の違いもあります。好き嫌いにも個体差はあり、なかにはミールワームが嫌いなハリネズミもいます。バリエーションを広げるために昆虫類に慣らすのも必要ですが、あまり無理はせず、昆虫類以外の動物性タンパク質を与えてみたり、複数種類のペットフードを与えるのでもいいでしょう。

　太りやすい個体なら、ハリネズミに与えてもよいペットフードのなかから低タンパク、低脂肪のものを選ぶこともできます（おやつとして果物などの糖質の多いものを与えていないかなどの見直しも必要です）。

　ハリネズミは目新しい食べ物に保守的なので、大人になってから初めて与えても食べないことがあります。迎えたハリネズミが生後2ヶ月をすぎてしっかりと主食を食べるようになってきたら、毎日少しずつ、副食も与えていきましょう。

飲み水の与え方

　水には、体内で必要な物質を運んだり老廃物を排泄する、栄養素の消化吸収や電解質のバランスを取るなど、とても大切な役割があります。水分が足りないと脱水、血液の濃度が濃くなる、老廃物が排泄できない、体温調節できないなどの問題が起こります。毎日必ず、新鮮な飲み水を用意しましょう。一日最低1回は交換してください。できれば衛生的に水を与えられる給水ボトルを使い、お皿を使う場合には床材や排泄物、食べこぼしで汚れないようこまめに交換しましょう。妊娠中や授乳中、室温が高いとき、ドライフードをふやかさずに与えているときには水の要求量が高まります。水が飲めないと、採食量も減ってしまいます。

与える水の種類

日本の水道水は、病原菌、無機物質・重金属、一般有機化学物質、農薬などに関する細かな水質基準が規定されています。信頼して与えられる安全なものですから、そのまま飲ませても問題ありません。

カルキ臭などが気になるなら、湯冷ましを作ったり、煮沸や汲み置きをしてください。湯冷ましは、やかんでお湯を沸かし、沸いたらふたを開け、換気扇を回しながら5～15分ほど弱火で沸騰させます。そのあと常温に冷ましてから与えてください。汲み置きは、水道水をなるべく口の広い容器（ボウルや鍋など）に移し、一晩そのままにしておく方法です。

浄水器を使う場合は、カートリッジの交換、ホースの掃除をこまめに行いましょう。

ミネラルウォーターを与える場合は、ミネラル含有量が多い「硬水」よりも、「軟水」を与えるほうが無難です。

水道水をそのまま与える方法以外は、塩素が抜けているために細菌繁殖しやすくなります。特に夏場はまめに交換してください。

ペットフードの保存

ペットフードは、賞味期限が十分に残っているものを購入しましょう。

ドライフードは開封して空気に触れたらすぐに酸化やビタミン類の劣化が進みます。酸素、温度、光がフードの劣化の原因です。できるだけ空気や光に触れないように密閉し（密閉式の袋は空気を抜いてチャックを閉めたり、密閉できる容器に移し替える）、乾燥剤を入れて、温度や湿度が低く直射日光の当たらない場所で保存してください。

ウェットフードは開封したら必ず別の容器に移し替え、冷蔵庫で保管してください。3日程度で使い切れない量なら、一回分ずつ小分けにして冷凍保存し、常温に戻してから与えるようにしてください。

フードの切り替え

フードの切り替えは慎重に行いましょう。急に新しいフードに変えると食べなくなることがあります。まず、以前のフードを少し減らして新しいフードを少しだけ加えて与え、徐々にその割合を変えていくようにしましょう。

ハリネズミを新しく迎え、それまで与えていたフードから別のものに変えたいというときは焦らずに、まずは前と同じフードを与え、ハリネズミが落ち着いてから切り換えるようにしてください。

餌を切り換えているときは、体重や排泄物の状態も観察してください。便がゆるくなったり、においがきつくなるようだったら、いったん切り替えを中断して様子を見てください。目新しい食べ物を食べたときに、緑色の便をすることがあります。

与えてはいけない食べ物

● 毒性のあるもの

ジャガイモの芽、緑色の皮にはソラニンという成分が含まれ、神経麻痺や胃腸障害などの中毒を起こします。ネギやタマネギのアリルプロピルジスルフィドという成分では、貧血や下痢、腎障害などがみられます。生のダイズには赤血球凝集素などの毒性があり、消化が悪いので与える場合は加熱が必要です。また、アボカドのペルシンという成分には毒性があります。アンズ、ウメ、モモ、スモモ、アーモンド(非食用タイプ)、ビワなどのバラ科サクラ属の種子にはアミグダリンという中毒成分があり、嘔吐や肝障害、神経障害などを引き起こします。

食べ残しを放置して病原性のある細菌が繁殖したりカビが生えて毒性をもつこともあります。傷んだ食べ物は与えないでください。

● 人の食べ物

チョコレートやケーキ、クッキーなどの菓子類は与えないでください。チョコレートのカフェイン、テオブロミンなどの成分は嘔吐、下痢、興奮、昏睡などの中毒症状を起こします。糖分、脂肪分は肥満の原因です。また、加糖するなど味付けしてあるヨーグルトやジュース類、コーヒーやコーラ、お酒なども与えないでください。

調味してあるもの、塩分の強いもの、油脂をたくさん使っているものも避けてください。

● 熱すぎるもの、冷たすぎるもの

ゆでた肉など加熱したものを与える場合はさめてから、冷凍しておいた食べ物を与えるときは、必ず常温に戻してから与えるようにしてください。

● 口蓋にはさまるサイズ

硬くて中途半端に大きいものは口蓋や歯の間にはさまることがあります。まるごと口に入れても問題なくかじれるサイズに切ってから与えましょう。

そもそもハリネズミに与える必要のないものですが、レーズンなどのドライフルーツ、ナッツ類も挟まる危険があるので与えないでください。(レーズンやブドウは、犬には有害といわれています)

● そのほか

ヤギミルクは乳糖が分解しやすく、動物にやさしいといわれますが、最初は様子を見ながら与えてください。また、柑橘類も与えすぎると下痢をするので注意が必要です。

わが家の食卓紹介

Chapter 4
ハリネズミの
食事

食事の悩みは多くの方たちに共通した悩みでしょう。
ここでは、みなさんのハリネズミの食事メニューなどをご紹介します。
ヒントを見つけていただければ幸いです。なお、個体によって合う、合わないはありますので、
よく考えてから取り入れてください。

（情報は2015年11月〜2016年2月にかけての内容です）

2〜3種のフードをランダムに

　ブリスキーマジック、ハーリーの主食、ハリネズミセレクション、ジクラアギト、エイトインワン、ロイヤルカナン、インセクティボアダイエットの中から2〜3種類をランダムに、ふやかして与えています。この日のトッピングはうずらのゆで卵とカッテージチーズ。ささみやリンゴのこともあります。食欲がないときはネコ缶を少量混ぜて香りづけしたり、ゴートミルクをふりかけます。また、ジャイアントミールワームを週3回ほど与えています（育てて栄養をつけてから）。チューブ状の高カロリー食、a/d缶も常備しています。（お水にビタミン剤のビタソールが入っているので黄色く見えます）（かなりんさん）

状況に合わせたメニューを提供

　わが家のハリネズミの晩ご飯です。上は少し体力をつけてもらいたいとき。三晃のフード小さじ1/2、ジクラアギト小さじ1/2、キャットフード小さじ1/2、うずらのゆで卵1/2、カッテージチーズ小さじ1/2、葉物野菜をほんの少しに、レップミールをひとつ（ないときは缶入りミールワームを5匹ほど）。

　下はダイエット用で、三晃のフード小さじ1/2、うずらのゆで卵（白身のみ）1/2個、葉物野菜（この日はレタスとベビーリーフ）をひとつまみ、カッテージチーズをほんの少し与えています。（ハリーママさん）

フードは13種類から選んで

　親子5匹飼っています。ハリネズミフード13種類から毎日1〜3種類(5〜10g)を混ぜてあげるのが基本です。うずら卵、ささみ、コーン、りんご、梨などの副食もたまにあげています。昆虫はミールワーム(さなぎ、成虫)、ジャイアントミールワーム、コオロギ、シルクワーム、ハニーワームなど。水にはビタミン液を入れています。肥満と診断された子には様子を見て量を調整しています。フードや昆虫類の好みは個体によって違っていますね。写真は現在与えているフードやミルクなどのラインナップです。(meeさん)

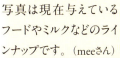

副食がある日は主食を調整

　周りだけが柔らかくなるようにふやかしたハリネズミフード・フェレットフード(大さじ2杯)、副食として茹でたキャベツ・かぼちゃ・さつまいも・にんじん・ささみなどをあげています。病院に行った日や記念日は、チキンゼリーやミルワーム、栗虫などハリたちが好きなものをあげてます。副食をあげる日は、主食のフードは大さじ1杯にしています。(しろまろさん)

食欲不振時はダックスープ

　写真は夕ごはんで、ドライフード3種類、計10gをヒタヒタのぬるま湯でふやかし、あらかじめカットして冷凍してあるカボチャと人参、ささみを電子レンジで温めたものをトッピングしています。消化に悪いかなと思い、冷凍コーンの粒の皮は剥いています。ごはんの分量はおおよそ25〜30gとしています(現在の体重は650gです)。たまにりんごや梨、柿などを少しあげています。朝はドライフード4粒ほどをふやかしています。また、元気がないときや病気のときは生きたミールワームを夜4匹ほど。病気中に固形物を受け付けないときはダックスープを食事代わりに(病院で教わったレシピは、人間用高栄養補助食ミルク「アイソカル」にフード粉末を混ぜたものです)。ささみや野菜を温めた際のスープもよく飲みました。(のこさん)

楽しんでもらうためにも いろいろなものを

1歳を越えたあたりから、それまでと同じ食べ物(量も)・運動量で、なぜか急に体重が増え始めたので、獣医師のアドバイスで必要に応じて量を調整することにしました。ドライフード(カリカリ)のみの場合、総量は1〜2割減らします。ウェットフードもあげるときには、ドライフードは更に減らします。また、質の良いタンパク質、脂質(特にオメガ3)、タウリンなどを特に気にしています。

メインは三晃のハリネズミフード、ほかに低脂肪・高繊維・高タンパクのキャット/ドッグフードなどを日替わりでブレンド。えぞ鹿フレークは、おやつやご機嫌取りに時々少し。ビタミンD入りカルシウムをふりかけたコオロギ、ピンクマウス、ジャンボミールワーム、ミールワーム(幼虫、さなぎ、成虫)や、蒸し茹でにした肉類(鶏むね肉、ささみ肉、鶏・豚レバー)、魚(刺身用サーモン、ブリなどをお湯で柔らかく加熱)、リンゴなど季節のもの、酵素や乳酸菌などを時々。好奇心旺盛なので楽しんでもらうためにもいろいろなものをあげています。写真はサーモンをトッピングしたものです。(清水ふみこさん)

食欲減退時には嗜好性の高いものを

成獣になってからは、夜9時頃に1回、マズーリのインセクティボアダイエットをコンビニでもらう大きめのスプーン山盛り1杯、乳酸菌生成エキス(コスモスラクト)フェレット用1滴、アミノゼリー半分、浄水した水(フードが浸るぐらいの量)を混ぜたものを与えています。飲み水は容器内に浄水触媒を入れています。時々、ミールワーム(生き餌)7〜8匹をおやつとして。食欲減退時や体重調整時には、猫用フードのメディファス(11歳以上用)をひとつまみ加えたり、レバー、フルーツゼリーなど嗜好性の高いものを混ぜたりします。
(whale@fly_shinyさん)

個体差のある食生活

3匹と暮らしています。フード(ハリネズミセレクション、8in1、ジクラアギト、メディファス)のうち2〜3種と、缶詰ミールワーム、ささみ、個体によって抗生剤入りカッテージチーズや犬猫用のサポートフードなどを与えています。好き嫌いはあまりなくても、食べ物じゃないと認識したら興味すら示さない子もいますし、ほぼショップにいた頃に食べていたフードしか食べず、最近ほかのフード1種類だけは食べるようになった子もいて、個体差がありますね。(Moeさん)

毎日の食事量をチェック

　ハリネズミセレクション（大さじ1/2）、ブリスキーマジック（小さじ1）、ジクラアギト（小さじ1）のブレンド、ロイヤルカナン・キトンをミルでパウダー状に粉砕したもの（小さじ1）をふりかけています。この特製ふりかけがないと食べてくれません。偏食気味のときはメディファス（7歳用チキン味）なども混ぜます。おやつにミールワーム10匹を隔日、たまにゆでたささみ、ゆで卵の黄身、手作りのカッテージチーズ、ゴートミルクなどをあげています。うちの子はかなり少食なので、できるだけカロリーを摂取できるように気をつけ、毎日どれくらい食べているかチェックするようにしています。
（はりんさん）

工夫いろいろハリネズミの食卓

● 主食はキャットフード（メディファス）です。わが家のハリたちはハリネズミフードにはまったく興味がないようで、口もつけません。ほかにはミールワーム（5匹前後）を毎日と、バナナ、梨、カッテージチーズ、ゴートミルク、コーンを時々少量、与えています。（カキツラさん）

● メインはハリネズミフード3種（ジクラアギト、ハリネズミセレクション、8in1）。キャットフードやフェレットフードなどをトッピング程度に混ぜることもあります。ほかにはコオロギ（缶詰、乾燥、冷凍）、ミールワーム（生き餌、乾燥）、冷凍ジャンボミールワーム、シルクワーム、ハニーワームなどを日替わりで与えています。（UCOさん）

● いろいろ試しましたが、今は8in1、ハリネズミセレクションをメインに、食欲がないとき（スパイクスデライト）、体重を減らしたい（同ライトタイプ）、便が少ない（マズーリ）など、その日の状態によって加えてブレンドし、与えてます。
（まゆさん）

● 一日2回（朝夕）、ハリハリライフのスタンダードフードRedとBlue（粉末）を1回あたり大さじ一杯ほど水に溶かして交互にあげたり、混ぜたりして飽きさせないようにしてます。うちの子はカリカリのエサを好まないようです。
（すまいるさん）

● 複数のフードとミールワームをそれぞれの体重や好みに合わせて、偏食しないように混ぜています。フェレットフードが好きな子もいますがそれだけでは栄養バランスが良くないので、三晃のハリネズミフードと混ぜてあげています。（ひぃさん）

● 複数のフードを日替わりで与えたり、ミールワームやささみを混ぜたり振りかけたりして、体重（260g）の約8％、20gになるよう調整しています。ふやかしよりカリカリを好んで食べます。（くりぃむさん）

● 毎日ランダムに3種類程混ぜています。大きめのスプーンに各1杯、固いものはぬるま湯でふやかし、小粒はそのままで。ぬるま湯でふやかすとにおいが強くなるので、普段は小屋にこもっている子もにおいを嗅ぎつけて外に出てきます。（愛さん）

ハリネズミ COLUMN

覚えておきたい、お手製・介護食

ハリネズミが病気になったり体調が悪く、食べてくれないのは本当に心配になります。
ものを噛むのが難しくなった子のためのスープ食レシピを、どんどんさんに教えていただきました。

> ヒクちゃんは捨てハリとしてどんどんさん宅にやってきました。顎が腫れ、噛んだり飲み込むことが難しくなったため、ペースト状の食事とスープを作って与えています。鶏肝スープはヒクちゃんの大好物だそうです。（2016年2月取材）

お手製・鶏肝スープの作り方

❶生の鶏肝を血抜きします。新鮮なものならきれいに洗うだけでもOK。
❷ある程度の大きさに切り、弱火～中火で約5分間ゆでます。
❸さめるまでそのまま鍋ごと置いておきます。
❹さめたら細かく刻み、水または湯冷ましとともに製氷皿に入れて凍らせます。ゆで汁はアクがきつそうなので捨てます。
❺ハリネズミに食べさせるときはレンジで1分ほど加熱します。熱すぎず冷たすぎないことを確認しましょう。ものを噛める子ならそのまま与えられます。
❻加熱しすぎると破裂したりふきこぼれることがあるので様子を見ながら温めてください。
❼噛めない子には、肝だけを取り出してすり鉢ですり、ペースト状にします。
❽温めたスープ（肝を取り出したあと残っているスープ）でのばしてできあがりです。
❾肝とスープを一緒にすってもいいですが、別々にすると水分量の調整ができます。
❿ささみを使って作ることもできます。ささみの場合はゆで汁を捨てずにスープにしてOKです。

製氷皿に、刻んだ鶏肝（上）と湯冷ましを加えます（下）

凍らせたところ。これを温めて与えます

栄養と愛情たっぷりスープ、おいしいね

ささみを使ったもの

PERFECT
PET
OWNER'S
GUIDES

Chapter 5

ハリネズミの世話

日々の世話

毎日の世話

ハリネズミを迎えたら、世話は必ず毎日行わなくてはなりません。なによりハリネズミが健康でストレスなく暮らすためですが、ハリネズミのいる生活を衛生的に保つためにも大切です。

毎日行う基本的な世話は、掃除、食事と水の準備、健康チェックです。ここでは世話の一例をご紹介します。飼い主のライフスタイル、ケージの大きさや、ハリネズミがケージ内をどのくらい汚すかなどによっても時間や頻度などは異なります。

掃除のしすぎに注意

毎日ケージ内をきれいにするのは重要ですが、掃除のたびにケージもグッズもぴかぴかにして、どこにもハリネズミ自身のにおいが残らないようにするのはやりすぎです。毎日の掃除では、排泄物や食べかすが残っておらず、こぎれいになっている程度が適切です。

毎日の世話の一例

❶ 朝のうちに食器を下げ、前夜の食事の食べ残し具合をチェックします。食器を洗っておきます。

❷ 夕方、ハリネズミが起きてくる前に排泄物

で汚れたトイレ砂（トイレを置かない場合は汚れた床材）を捨て、補充します。排泄物の状態をチェックします。ハリネズミがその日の活動を始める前に掃除をしておけば、いつの排泄物なのかが紛らわしくなりません。

❸ 回し車が排泄物で汚れていないかを確認し、必要なら洗います。

❹ 砂場を設置している場合は、排泄物があれば捨て、必要に応じて砂を補充します。

❺ ハリネズミが起きてきたら別の場所で遊ばせ、元気や動きをチェックします。その間に、ケージ内の汚れをチェック。汚れた床材は捨てて補充します。

❻ ハリネズミとのコミュニケーション時間をとります。遊びながら体の細部の健康チェックも行いましょう。

❼ 食事を用意して与えます。

❽ 給水ボトルを洗って新しい水を入れます。

❾ ハリネズミをケージに戻したあとは室内の掃除をします。排泄していたり、抜けた針が落ちていることがあります。

随時行う世話

ケージ内や飼育グッズの汚れ具合など、状況に応じて、適宜、以下の世話を行いましょう。

◯ 汚れていないように見える部分も含め、1〜2週間に1回を目安に床材をすべて交換します。布類を敷いている場合は洗いましょう。

◯ 月に1〜2回を目安にケージを洗浄します。流水をかけながらこすり洗いしましょう。

◯ 寝床などの飼育グッズは、汚れていないように見えても月に1回は洗います。天日干しをしてしっかり乾かしましょう。

◯ 食器は、月に1回を目安に殺菌洗浄しましょう。

◯ 給水ボトルは、週に1回はボトル用や哺乳瓶用の洗浄ブラシで隅々までこすり洗いします。殺菌洗浄も行い、十分に洗い流してください。

◯ 回し車で排泄しない場合でも、1〜2週間に1回は洗浄します。

● 随時行う健康チェックとして、定期的な体重測定を行いましょう。週に1回が目安となります。

● 布製の寝袋の糸がほつれかけていないかなど、月に1～2回はケージ内で使っているグッズの劣化がないか点検します。

● 排泄物などで体を汚しやすい個体は、足湯などで汚れを落とします。月に1～2回が目安ですが、よく汚すならもっと頻繁でもいいでしょう（107ページ参照）。

● 伸びすぎている場合は爪切りをします（105ページ参照）。

世話にあたっての注意点

● 世話のあとは必ず手をよく洗ってください。

● 洗剤や漂白剤は流水で十分に洗い流しましょう。哺乳瓶用の消毒液は安全性も高いと考えられますが、洗い流さないタイプであってもよく洗浄しましょう。

● 前述のように、掃除後もハリネズミ自身のにおいが残っていないと不安になります。ケージの洗浄とグッズの洗浄は、別のタイミングで行うといいでしょう。また、床材をすべて交換する場合にも、においのついた床材を少し取っておき、あとで戻すといいでしょう。

● 迎えた直後、妊娠中、子育て中の掃除は、ストレスを与えないように十分に注意してください。トイレ砂や汚れた床材の交換などを手早く行い、むやみにケージ内をいじくりまわさないようにしましょう。

● すでにハリネズミを飼育しているところに新しいハリネズミを迎えた場合、以前からいるハリネズミ→新しいハリネズミという順番で掃除をします。病気（特に感染性の病気）のハリネズミがいるときは、健康なハリネズミ→病気のハリネズミという順番で世話をするようにし、病気が広がるのを防いでください。

回し車の汚れ対策

体を動かすことで消化管の働きがよくなるためか、回し車で走りながら排泄をするハリネズミは多いものです。そのまま走り続けるので排泄物を踏んでしまったり、体についてしまうことがあります。また、尿が周囲に散乱すると不衛生ですし、においの原因にもなります。

対策のひとつとして、回し車の周囲にはペットシーツやトイレ砂を敷いておくことや、回し車の内側にペットシーツを貼り付けておくという方法もあり、多くの家庭で取り入れられています。

季節対策

季節対策の必要性

ハリネズミは、暑すぎるもの寒すぎるのも苦手です。野生の世界では暑ければ涼しい場所を求め、寒ければ暖かい場所を求めて移動することができます。しかし飼育下では、置かれたその場所の温度や湿度に耐えなくてはなりません。季節によるメリハリは、多少はあったほうがいいですが、暑すぎたり寒すぎたりしないように注意してください。暑すぎれば熱中症に、寒すぎれば低体温症になる危険があります。湿度にも注意しましょう。やや乾燥した状態が適しています。

ハリネズミに適した温度、湿度は下の通りです。

ハリネズミの好適環境

温度　23〜32度（最適は24〜29度）

湿度　40%まで

("Ferrets, Rabbits and Rodents: Clinical Medicine and Surgery Includes Sugar Gliders and Hedgehogs" より)

春や秋の季節対策

春や秋はすごしやすい季節とされています。ところが「三寒四温」という言葉があるように、寒い日が続いたと思ったら急に気温が高くなったり、昼間は暖かかったのに夜間は急に冷え込むなど、温度差がとても大きい時期でもあります。

特に幼い子、高齢や病気の子にとって、大きな温度変化は体への負担となりますから、日々、天気予報を確認し、寒くなりそうならヒーターを入れる、暑くなりそうならエアコンをつけるなど、こまめな対応をしましょう。

温度勾配をつけよう

ケージ内には温度勾配をつけましょう。ペットを飼ううえでの温度勾配とは、ケージ内に温度が段階的に異なる場所ができるようにすることです。冬、ケージ内がどこも同じように暖かくなっていると、その温度では暑すぎると感じても逃げ場所がありません。また、寝床だけを暖かくし、それ以外の場所は寒いようだと、暑いので寝床から出たときに体を冷やしてしまうことになります。ハリネズミが自分で快適な温度の場所を選べるようにしておきましょう。

夏の暑さ対策

暑さ対策のポイントは「温度管理」「湿度管理」「衛生管理」です。

⚪ ケージの置き場所を確認しましょう。窓のそばのような、直射日光が当たる場所は避けてください。

⚪ エアコンで温度管理をするのがベストです。送風が直接ケージに当たらないように注意しましょう。

⚪ エアコンがない場合は熱中症にならないように対策をしてください。除湿機を使うなどして湿度を下げるようにしましょう。除湿機のなかには室内が暑くなりやすいタイプもあるので注意してください。密閉された蒸し暑い部屋は熱中症のリスクが高まります。可能であれば、窓を少し開けて(防犯に注意)、扇風機を回し、換気扇を回すようにすると、多少は風の流れを作ることができます。

⚪ 給水ボトルの水がぬるくならないよう、小さな氷のかけらを入れてもいいでしょう。

⚪ ケージ内に置くクールグッズも活用しましょう。大理石ボードやアルミボード、レンガを冷やしてから使うことができます。保冷剤や凍らせたペットボトルを布で巻いたものは、溶けてくると水分で飼育施設内の湿度を高くしてしまうので、様子を見て取り出してください。

⚪ 水槽のような保温性の高いもので飼っている場合は、夏だけ風通しのいいケージに引っ越す方法があります。

⚪ 食べ物が傷みやすい時期です。ふやかしたフードや昆虫類の食べ残しは早く取り除きましょう。カルキを抜いた水道水も傷みやすいので、室温が高い場合はまめに交換を。

⚪ 高温多湿で不衛生になりがちです。排泄物の掃除はまめに行いましょう。

夏の「寒さ」対策

冷房を強く入れすぎ、涼しくなりすぎて体を冷やすのもよくありません。フリースの寝袋を夏でも設置しておき、寒いようならハリネズミがもぐりこめるようにしておくといいでしょう。

冬の寒さ対策

　ハリネズミを飼育するにあたって、冬の温度管理はとても重要です。ハリネズミのなかでナミハリネズミなどは冬眠する能力をもっていますが、ヨツユビハリネズミは冬眠することはできません。寒ければ体温が低下し、低体温症になってしまいます。

● 幼い子や高齢、妊娠中や子育て中、病気の子がいるときは、寒さ対策に十分な配慮をしてください。

● ケージを置いている室内全体を暖めるなら、エアコンやオイルヒーターを使うのが安全です。ただし、エアコンの温度設定をハリネズミの適温にしてあっても、暖かい空気は上昇するため、ケージがある場所は寒いこともあります。扇風機を使って空気を循環させる方法もありますが、ケージ内にはペットヒーター類を設置するのが最適な方法です（102ページ参照）。

● フリースの布は保温性が高いため、冬には特に適しています。フリースの寝袋を使うほか、寝床やシェルターの中にフリースの布を敷いたり、フリースの寝袋を入れてもいいでしょう。

● 湿度が極端に低くなりすぎないよう、必要に応じて加湿器を使ってください。

● 金網のケージで飼っている場合、冬場だけは保温性のいい水槽などを使う方法もあります。

● 金網のケージの場合、ペットヒーターで暖まっている空気を保つため、ケージを毛布、ダンボール、ビニールシートなどで覆うこともできます。すべてを覆いつくすのではなく、前面は部分的に開けておくなどして空気がこもらないようにしましょう。

ペットヒーターのタイプ

ペットヒーターは、ハリネズミのケージ内や周囲に設置して環境を暖かく保つためのものです。飼育環境やハリネズミの個性、使い勝手などに応じてよりよいものを選びましょう。

ケージ内の床に置くタイプ(写真1)

ケージ内部の床の上に置き、その上に直接乗って暖を取るパネルタイプのヒーターです。ウサギやモルモットなどの小動物用がハリネズミには適しています。電気コードをケージの金網の間から外に出すようになっています。パネルの両面で温度が異なるものが一般的です。ヒーターにふれている場所を直接、暖めることができますが、ヒーターの上にいないと暖かくありません。

ケージ外の底に敷くタイプ(写真2)

爬虫類や両生類などの飼育水槽でよく使われるタイプのパネルヒーターです。薄く、水槽の下に敷いたり、水槽の側面(外側)や天井面に取り付けることができるものです。ヒーターのサイズや置き方によって、水槽の半分だけや全面を暖めることができます。

ケージ外の側面に設置するタイプ(写真3)

ケージ側面に取り付けたり、ケージのそばに置くタイプのパネルヒーターです。遠赤外線効果で体内の血液や水分を暖めるというタイプです。ヒーターの前に手をかざしても暖かいという感じがありませんが、保温効果は十分に発揮します。

ケージの天井に取り付けるタイプ(写真4)

上部から暖める必要のある爬虫類用のパネルヒーターで、天井に取り付けて使用します。遠赤外線でじんわり暖めるタイプです。直接ふれないので低温やけどなどの心配がありません。ヒーターとの距離が近ければより暖かです。

保温球タイプ(写真5)

「ひよこ電球」とも呼ばれるタイプです。保温専用の電球が熱源となり、遠赤外線で暖めます。電球をカバーで覆って使用します。明るくならない電球なので、寝床近くにとりつけることができます。電球タイプでは爬虫類用のものも使うことができます。

ペットヒーターの注意点

⭕ ペットヒーターは複数を併用することもできます。たとえば天井にとりつける遠赤外線タイプでケージ内を全体的に暖かくしたうえで、ハリネズミの寝床をしっかり暖かくできる床置きタイプのペットヒーターを設置するなどの方法

があります。

○ 購入直後は、ヒーターが熱くなりすぎないか、不具合がないかなどを確かめながら使用してください。

○ ケージ内には温度勾配ができるようにしましょう。ヒーターの上にケージ（水槽）を置くさい、水槽の底面の半分〜1/3ほどがヒーターの上になるように置けば、水槽内には温度勾配ができます（様子を見て範囲を調整してください）。

○ ペットヒーターに温度調節機能がついていないものは、サーモスタットを使って熱くなりすぎないよう管理します。サーモスタットで温度を設定しておくと、その温度になったら電源がオフになります。

○ ペットヒーターを使っている間ずっとそばにいるわけではありませんから、製品としての安全性にも留意して選びましょう。新しい製品ほど安全性に配慮されているものですから、何年も前に使っていたものをまた使うのはやめておいたほうがいいでしょう。

写真1

写真4

写真2

写真5

写真3

ハリネズミのグルーミング

Chapter 5 ハリネズミの世話

ハリネズミに必要なグルーミングとは

グルーミングとは、皮膚や被毛などの状態を良好に保つための身づくろいのことです。動物は自分の体を自分でグルーミングしたり（セルフグルーミング）、水浴びや砂浴びなどをして体の汚れを取り除いたりします。ハリネズミは、たとえば猫のように体の隅々まで舐めてグルーミングすることはありません。砂場があると砂浴び行動をすることからみて、野生下では地面に体をこすりつけて汚れを取り除くことがあるのかもしれません。

飼育下という環境のなかでは「回し車を使いながら排泄物で体を汚す」など独特な体の汚し方をするので、体の汚れを取り除くのに人が手を貸す必要があります。唾液塗りの行動も体を汚す一因です。

また、爪切りも飼育下ならではの飼い主によるグルーミングのひとつです。野生のハリネズミは毎日たくさんの距離を歩きまわるので、自然と爪は削れていきますが、運動量が少なければ伸びすぎてしまいます。狭い隙間に引っかけたり、爪が丸まって伸びて歩きにくくなるなどの支障があります。多くの場合、爪切りが必要になります。

ハリネズミ・アンケート
グルーミングしていますか？

ハリネズミを飼っている65名の皆さんに、アンケートに答えていただきました。約半数の足湯をしている方を含め、8割の皆さんがハリネズミの体を洗っています。また、爪のケアをしている方のうち9割が爪切りをし、1割の方は爪が削れる環境を作っているということです。

爪切りについて

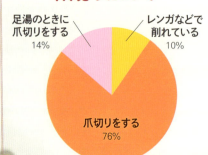

- 足湯のときに爪切りをする 14%
- レンガなどで削れている 10%
- 爪切りをする 76%

うちのグルーミング

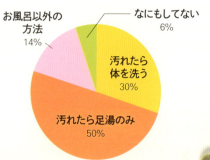

- お風呂以外の方法 14%
- なにもしてない 6%
- 汚れたら体を洗う 30%
- 汚れたら足湯のみ 50%

爪の切り方

適正な長さ

伸びすぎ

　爪が伸びすぎていると、目の粗い布や隙間に引っかけやすくなりますし、爪の先が湾曲するまで伸びてしまうと足に不自然に負担がかかって歩きにくくなります。爪が伸びすぎていたら、爪切りをしてください。右のイラストが適正な長さの爪と伸びすぎている爪です。なお、穴掘り行動をするので前足の爪は伸びにくく、後ろ足の爪は伸びやすいようです。

● ハリネズミの爪は、犬猫やネズミの爪のような鉤爪ではなく、私たちと同じ平爪に近い形をしています。爪を切る道具は、ウサギなどの小動物用のほか、人間用、赤ちゃん用爪切りも使いやすいでしょう。持ちやすいものを選んでください。

● 爪を切る方法は個体差や慣れ具合によってさまざまです。寝ているうちに切ったり、よく慣れているなら、膝の上などで抱き、足を引き出して切ることができます。仰向けにするとあまり動かなくなる個体もいます。

● 大好物を夢中で食べているときに切る方法もありますし、海外の飼育書では、ハリネズミを仰向けにしてお腹にペースト状の好物を塗り、それを舐めようとしている間に切るという方法が紹介されています（フェレットでよく知られた方法です）。

● ひとりがハリネズミを安定するように持ち、もうひとりが爪を切るなどふたりがかりで行うこともできます。

● 細かい網目のカゴに入れて、隙間から出た爪を切る方法もあります。

● 足を洗ったときに爪切りをする方も多いようです。お湯につかることで爪が柔らかくなり、切りやすくなります。

● 1度に全部の爪を切ろうとせず、1度に1本ずつでもいいので、無理しないで行ってください。

● 爪には血管が通っているので、深爪すると出血します。先端を少しだけ切るようにしてください。

● 実際に爪切りを行う前に、どのように抱いて行えばやりやすいかシミュレーションしておきましょう。

● 飼い主が緊張しているとハリネズミも警戒するので、落ち着いた気持ちで行いましょう。

伸びすぎを予防する方法

爪が伸びすぎない環境作りも大切です。十分な運動の時間を設けましょう。レンガや爬虫類用の岩場などを置くと、登り降りするさいに爪が当って伸びすぎを防ぎます。

回し車の内側に紙やすりを貼り、走りながら爪が削れる方法も知られています。目の粗い紙やすりを使ったり、激しく走る個体だと足の裏を傷つけることもあるので十分に注意してください。

そのほかのグルーミング

犬や猫だと、飼い主が行うグルーミングとして耳掃除や歯磨きがあります。ハリネズミでは病気の治療のためなど特殊な場合を除いて、耳掃除をする必要はありません。耳の中の汚れが気になる場合は、動物病院で診察を受けてください。

海外の飼育情報では綿棒を使って歯磨きをする事例が紹介されていますが、一般的には難しいことでしょう。時々ドライフードをふやかさずに与えたり、外骨格の昆虫を与えることで、歯石除去効果を期待するのが現実的です。

体の汚れの取り方

ハリネズミには、水に入って泳ぐ習性はありません。そのため原則的にはハリネズミを洗わないほうがいいのですが、汚れをそのままにしていると問題になることもあります。ハリネズミにできるだけストレスのからない方法で汚れを取り除いてください。

汚れを拭きとる

こびりついていない程度の汚れなら、蒸しタオルやウェットティッシュで拭きとる程度でもいいでしょう。毎日の世話としては拭きとるだけにし、時々足湯や全身浴をする方法もあります。ウェットティッシュはノンアルコールで、除菌タイプではないものを選んでください。

幼い子や高齢、病気の子は、足湯や全身浴で体を濡らさないほうがいいので、汚れは拭きとるようにしましょう。足の汚れは、濡らしたタオルの上を歩かせることでも、ある程度は取り除くことができます。

足湯

　回し車を使いながら排泄をし、体に汚れがついてしまうことが多いものです。放置しておくと不衛生でもあり皮膚疾患の原因にもなります。足湯をしてきれいにしてあげてください。以下は足湯の手順の一例です。

- 洗ったあとですぐに水分を拭きとれるよう、乾いたタオルを用意しておきます。
- 洗面器やシンクで行います。足元がすべるとハリネズミが不安になるので、底にゴムマットなど（洗面器などの大きさに合わせてカットする）を敷いておくといいでしょう。
- お湯の温度はハリネズミの体温くらいにします（36～37℃くらい）。必ず、お湯を張ったあとでハリネズミを入れてください。ハリネズミを洗面器に入れてからお湯を入れると驚かせてしまいます。
- お湯の深さは、足湯だけなら3～4cmでいいでしょう。
- シャンプー剤は特に必要ありません。
- お腹の部分もお湯を手ですくいながら洗ってあげてください。
- お湯が汚れたら、きれいなお湯ですすぎましょう。あらかじめお湯を張った洗面器を別に用意しておくと手早く行えるでしょう。
- 洗い終わったら濡れた足やお腹を乾いたタオルで拭きとってください。

全身浴

　唾液塗りをしたところに床材などがついたり、排泄物が針につくなど、体全体を洗ったほうがいいことがあります。おおまかな手順は足湯と同じです。

● お湯を手ですくいながら背中にかけ、汚れを落とします。こびりついた汚れがあるときは歯ブラシなどでこするといいでしょう。

● 顔に水がかからないように気をつけてください。

● 通常、シャンプー剤は必要ありません。どうしても使いたい場合は犬猫用の低刺激性・無香料のものを使いましょう。直接体にかけず、自分の手で十分に泡だててから洗います。シャンプー剤を使ったあとは、針の間も含め、十分にすすいでください。

● 洗い終わったら濡れた足やお腹を乾いたタオルで拭きとってください。ハリネズミが怖がらないなら、熱くないように注意しながらドライヤーを使ってもいいでしょう。

● 海外の飼育情報では、最後にリンスとしてビタミンEオイルやホホバオイルなどを垂らしたお湯ですすぐと皮膚の乾燥が防げるとされています。また、オートミールを袋（ガーゼなど。日本ならお茶パックなど）に入れてお湯に浸して絞り、抽出した乳白色のお湯が皮膚の乾燥や針が抜け替わる時期のかゆみを予防するという情報もあります。

　なお、ハリネズミが泳ぐ動画がインターネットで人気を集めていますが、どんな動物でも水の中に入れられたら必死で泳ぐでしょう。決して楽しんでいるわけではないことを理解してください。

ハリネズミと防災

　日本は天災の多い国です。2013年には環境省が「災害時におけるペットの救護対策ガイドライン」を策定するなど、ペットの防災対策も少しずつ進んでいます。しかし対象となるのは犬猫がメインです。ハリネズミのようなエキゾチックペットを飼っている場合には特に、自助努力が必要になります。

　お住まいの自治体に、エキゾチックペットの同行・同伴避難が可能なのかを問い合わせてみましょう。連れていけないなら、一時的に預けられる場所を探しておかねばなりません。一緒に避難するなら避難グッズ（移動用キャリーケース、最低でも1週間分のフード類、ペットシーツなどの衛生用品ほか）を用意しておきましょう。

　自分の住んでいる場所は無事でも、大きな災害があると流通がストップすることもあります。日頃からフード類など消耗品は余裕をもって購入するようにしましょう。

　「いざというとき」を考えて、平時のうちにシミュレーションしてみることをおすすめします。

家を留守にするとき

Chapter 5 ハリネズミの世話

ハリネズミの留守番

ハリネズミだけでのお留守番

ハリネズミだけを残して家を留守にできるのは、ハリネズミが健康なこと、安全で確実な温度管理ができていること、ドライフードをふやかさずに食べられること、給水ボトルを使えることなどを前提に、1〜2泊が限界です。水分の多い食べ物は傷みやすいですし、飲み水をお皿で与えていると床材や排泄物、食べ物のかすなどが入ってしまうので不衛生です。

また、ケージレイアウト、新たなグッズの導入、多頭飼育を始めたばかりなど、環境を変えたばかりのときはトラブルが起こりやすいので、家を空ける可能性があるときは環境を変える時期をよく考えてください。

世話をお願いする

留守番が難しかったり、長期間にわたる場合は、ペットシッターや知人に世話をしに来てもらうことができないか検討しましょう。環境の変化によるストレスに配慮するなら、世話をしに来てもらうのがベストです。ハリネズミを扱う経験をもつペットシッターは非常に少ないと思われますので、エキゾチックペットに慣れている方を探したうえで、十分に打ち合わせをしておきましょう。

世話に来てもらうのが難しければ、ペットホテルに預ける方法があります。事前にリサーチし、システムや環境をチェックしてください。犬や猫と同じ部屋に置かれるようだと、ハリネズミには大きなストレスです。ペットシッターやペットホテルは年末年始やGW、夏休みは混みますから、なるべく早く準備を始めましょう。動物病院で預かりサービスを行っていることもあるので、かかりつけ動物病院に問い合わせてみてもいいでしょう。

ハリネズミ COLUMN ハリハリ写真館 PART 1

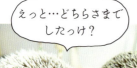

PERFECT
PET
OWNER'S
GUIDES

Chapter 6

ハリネズミとの
コミュニケーション

ハリネズミを迎えたら

迎える準備

新しい環境のなかで暮らすのはハリネズミにとっても不安でこわいものです。できるだけ早く新たな暮らしに慣れてくれるよう、しっかりと準備をしておきましょう。

ケージやグッズ、食べ物の準備、動物病院探しのほかに、家族内でも世話や触れ合いのルールを決めておくといいでしょう。特に、ハリネズミが来たばかりの時期に驚かすようなことをしてしまうと、慣れにくくなってしまうかもしれませんし、食べたことのないものを急にたくさん食べさせたりするとお腹をこわすこともあります。まずは慎重にハリネズミと接するようにしてください。

また、迎えるにあたっては、「以前と同じ」という部分を少しでも残しておき、ハリネズミが安心できるようにするといいでしょう。可能なら、もとの場所で使っていた、においのついた床材をゆずってもらってください。また、違うフードに変えたいと思っている場合でも、最初のうちは以前と同じものを与えてください。

検疫期間を設けよう

「検疫」のもともとの意味は、海外から持ち込まれる動植物に感染性の病気などがないかどうかを確認するため、空港や港に一定期間、留め置くということです。新しいハリネズミを迎えるときも、その個体が感染性の病気をもっていないかどうかを確認するための検疫期間が必要です。特に、以前からハリネズミやほかの動物を飼っている場合は、新しく迎えるハリネズミが健康そうに見えても、必ず検疫期間を設けてください。

2週間ほどを目安に、新しいハリネズミのケージはほかの動物から離れた場所に置きます。ケージから出して遊ばせるときも、検疫期間中は遊び場所を共有しないでください。また、毎日の世話は必ず前からいる動物を先に行い、新しいハリネズミの世話は最後にします。ハリネズミを持つときに使うタオルや手袋も共有しないようにしてください。遊び場所や飼い主、飼育グッズを介して感染することもあるからです。

落ち着くまでの接し方

家に迎えたばかりのハリネズミは、移動のストレス、新しい環境へのストレスや不安、恐怖などでとても疲れています。特に輸入個体の移動ストレスはきわめて大きいものです。ハリネズミがここは安心していられる場所だと認識してくれるように、できるだけストレスを与えないよう注意して接しましょう。特に、幼いハリネズミは体力もなく、疲れきっているでしょう。まずはゆっくり休ませてあげてください。

迎えた日の飼育管理

家に連れて帰り、ケージに入れて食べ物と水を与えたら、その日はかまわないようにしておきましょう。水は、以前も給水ボトルを使っていたならボトルで与えていいですが、設置位置などは変わっていることが多いでしょうから、念のためお皿に入れた水も用意しておくと安心です。水を飲んでいるかどうかは、必ず確認してください。

ケージ内に隠れられる場所は必ず用意してください。隠れていたらいつまでも慣れてくれない、という考え方もありますが、いつでも隠れられる場所があるというのは、ハリネズミにとってはとても安心することです。

ケージ内の掃除は、ハリネズミを驚かさないように静かに手早く行います。食べ物を与えるときはやさしく声をかけましょう。

飼い主は「いつも通り」に

新しい動物を迎えると、早く慣れてくれるかな、健康かな、と気になってしまうものですが、飼い主が緊張しすぎて不安な気持ちになっているとかえってよくありません。「普通にしている」のが実はとても大切です。

ケージ周辺では大きな物音を立てたりしてはいけませんが、普通の足音、会話などの生活騒音も出さないようにする必要はありません。ハリネズミに「この音がしても怖いことは起こらない」と学習してもらうのも必要なことです。

迎えた直後に起こりやすいこと

ハリネズミを迎えてすぐに起こりやすいことのひとつに「食べない」というものがあります。前と同じフードを与えるようにするほか、ふやかしたフードは少し温かくすることでにおいが強くなるので食べてくれやすくなります。

また、ハリネズミは緑色の便をすることがあります。病気の場合もありますが、迎えた直後のように環境変化のストレスが大きいときにもみられます。しばらくすると普通の便に戻りますが、何日も同じ状態が続くときは動物病院に相談してみましょう。

ハリネズミの慣らし方

慣らすことの大切さ

　ハリネズミをペットとして飼う以上、慣らすことはとても大切です。犬や猫のように慣らすことは難しいですが、最低限、人が近くにいることに慣れ、人から食べ物をもらうことに慣れ、人に体を触られることに慣れていないと、ハリネズミは毎日ストレスを感じ続けなくてはなりません。動物病院で診察や健康診断を受けるときにも、慣れていないと簡単な検査でも麻酔が必要になるなど、ハリネズミに負担がかかります。ハリネズミを慣らすことは飼い主の楽しみだけではなく、ハリネズミが安心して暮らせる環境を作るため、ハリネズミの健康を守るためでもあります。

　ハリネズミは犬のようには慣れませんが、きちんと飼い主を認識し、信頼関係を作ることは可能なのです。

個体差を理解しよう

　人と同じようにさまざまな個性のハリネズミがいます。すぐに慣れる子もいれば、巣箱に引っ込んでばかりいる臆病な子、好奇心旺盛で活発な子もいます。すべてのハリネズミが同じように慣れるわけではないことを理解し、「うちの子」にふさわしい程度の慣らし方を心がけましょう。

根気と忍耐が大事

　ハリネズミから見れば、人間は巨大な怪物に思えるのかもしれません。そのうえハリネズミは怖いと感じると体をぎゅっと丸めて外界を拒絶するような警戒心の強い動物です。食べ物をうけとったり、警戒しなくてもいいのだとわかってもらえるまでに時間がかかるのはしかたのないことです。根気よく、忍耐力をもってハリネズミと接していってください。

慣らしポイント1 「におい」と「声」

　ハリネズミがおもに依存する感覚は嗅覚と聴覚です。飼い主を覚えるときにも、においと声を活用しましょう。

　人には、石鹸や化粧品、香水などにおいの強いものを身につける機会もありますが、飼い主のにおいがいつも違うとハリネズミも混乱しますし、唾液塗りのきっかけになることもあります。ハリネズミと接するときは香りのあるものを身につけないようにしておきましょう。もしくは常に同じ石鹸で手を洗うなど、「同じにおい」

でいるよう心がけてください。

　ハリネズミに限らず動物が人に慣れるしくみのひとつは、「このにおい（声、姿）がするといいことがある」と関連づけるというものです。最も強力な「いいこと」は好物を与えることです。飼い主が近づくにおいがしたり、声が聞こえると好物がもらえるのだとハリネズミに理解させましょう。

　海外の飼育情報では、「飼い主が2日間着たTシャツを寝床に入れる」というものがあります。安心して眠りながら飼い主のにおいを覚えれば、飼い主と接するときにも安心するようになるのでしょう。

慣らしポイント2
飼い主がリラックスしよう

　ハリネズミと接するとき、仲良くなれるかな、怒ったらどうしよう、などと不安な気持ちになることもあるかと思います。しかし緊張状態でハリネズミに近づくのは、ハリネズミからすれば「自分を狙っているものが近づいてきた」ということではないかと考えられます。そのためどうしても警戒してしまいます。ハリネズミに警戒されないためには、緊張せず、リラックスすることです。楽な気持ちで接するようにするといいでしょう。

慣らしポイント3
少しでも毎日、夜に

　繰り返し慣らしていくことには大きな効果があります。短時間でもいいので毎日、ハリネズミとのコミュニケーションの時間をとりましょう。

　また、ハリネズミは夜行性ですから、コミュニケーションをとる時間は夕方〜夜がいいでしょう。ハリネズミが落ち着いた気分でいられるよう、ある程度の食事を与えてからがいいかもしれません。

まずはケージの中で

　人が飼育施設のそばにいたり、世話をするために手を入れても、巣箱に逃げ込んだり、シューシュー言いながら威嚇したり、丸まったりしなくなったら、ハリネズミもかなり新しい環境に慣れて落ち着いてきたといえるでしょう。そろそろ積極的に慣らしはじめましょう。慣らす手順の一例を紹介します。

❶ 食事を与えるとき、ハリネズミが食器をもっている手のにおいをかぎにきたら食器を置くようにします。そのとき、優しく名前を呼びかけましょう。ハリネズミは「このにおいがしたり、この声が聞こえたときにはいいことがある（ご飯がもらえる）」と学習し、飼い主のにおいや声にいい印象を持つようになります。

❷ 飼い主の手を怖がる様子がなくなり、ケージに手を入れるとにおいをかぎに来たりするようになってきたら、抱っこの練習を始めてみましょう（118ページ参照）。嫌がるなら短時間できりあげます。

❸ 水槽タイプの施設だと、どうしてもハリネズミの上部からアプローチすることになり、こわがる場合もあります。急に水槽に手を入れたりせず、声をかけたり、ハリネズミから離れたところで手を入れて、声やにおいで接近を教えるようにしてください。

❹ 横に扉があるケージでも、ハリネズミが怖がりで奥に逃げ込むような場合に手をつっこんで無理に抱こうとすると、追い詰めることになり、かえって怖がらせてしまうこともありますから注意してください。

❺ 部屋に出して遊ばせることができるなら、人の手を怖がらなくなった段階で、部屋で慣らしてもいいでしょう。

決して驚かさないで

ハリネズミに限らず動物は、恐怖の経験を忘れにくいものです。怖いものに近づかないのは生き物としての本能ですからしかたありません。慣らそうとするときは常におだやかに接し、急に大きな音を出したり叩くなど、ハリネズミを驚かすようなことは決してしないでください。

部屋に出しての慣らし方

部屋に出す前に必ず、安全な環境作りをしてください（125ページ参照）。

いきなり広い場所に出すと、ハリネズミは好奇心で、あるいは怖いので逃げるために、部屋のあちこちに行ってしまうかもしれません。目の細かいペットサークル（100円ショップで売っているワイヤーネットで作ることも可能）などで場所を

区切り、まずはその中で慣らすといいでしょう。床には洗えるカーペットやペットシーツを敷いておきます。

❶ ハリネズミをケージから出すさい、まだ慣れていなかったりして不安があるなら、プラケースに入れてから移動させると安全に行えます。

❷ サークル内にハリネズミを出したら、ハリネズミを放っておきます。ここでハリネズミに学習してもらうのは「この人がいても怖いことはなにも起こらない」ということです。本を読んだりしながらくつろいでいればいいのです。

❸ 人のそばに寄ってくるようになったら、おやつをあげましょう。

❹ 寄ってきておやつをもらうことに慣れてきたら、抱き上げる練習をしましょう。抱き上げたら膝の上に乗せておやつをあげます。

❺ 慣れてきたら、無理のない程度に体のあちこちを触ってみたり、爪切りの予行演習として手足の先を触ったりしてみましょう。

おやつの使い方

おやつを与えるのは、ハリネズミとの信頼関係を作るのによい方法です。動物はおいしいものをくれる人に慣れやすいという傾向があるからです（食欲がないときの食欲増進の助け、爪切りなどハリネズミにとって不快なことをしたあとで気分を切り替えてもらうためなどにも役立ちます）。

気をつけたいのは、おやつの与えすぎです。早く仲よくなりたいと思ってたくさん与え、ハリネズミを肥満にさせてしまうケースがよくあります。

こうしたことを防ぐには、ハリネズミに与える食べ物のなかから、ハリネズミが大好きなものを「おやつ」として取り分ける方法がいいでしょう。たくさん与えても一日の食事量の一部なので、与えすぎる心配がありません。ハリネズミが好むならペットフードがおやつでもいいのです。

ハリネズミの抱き方

抱っこにあたっての注意点

ハリネズミがこちらに気づいてから

慣れていないうちは特に、背後や上部からハリネズミにアプローチしないように気をつけましょう。いきなりさわるとハリネズミが驚いてしまいます。ハリネズミの前から近づき、声をかけ、手のにおいをかがせるなどして飼い主の存在に気づかせてから体にさわるようにしましょう。

必ず座っているときに

立ったままで抱いていると、慣れていないハリネズミが暴れたり、降りようとして飛び降りることがあります。また、急に針を立てたときに飼い主がびっくりして落としてしまう危険もあります。ハリネズミを慣らしている間は、必ず床に座って抱っこしてください。

おびえずに接して

飼い主がびくびくしながら接すると、ハリネズミのほうも不安を感じます。ハリネズミを抱き上げるときにはためらわず、自信を持って行いましょう。

指を引きこまれないよう注意して

慣れていないハリネズミや、慣れていてもびっくりしたときには体を丸めます。そのとき、指を引きこまれないよう気をつけてください。

嫌がるときには無理をせず

嫌がっているときは無理に抱っこしようとせず、別の機会に練習しましょう。どうしても抱き上げる必要があるときは、プラケースに入れる、タオルで包む、手袋を使うといった方法をとりましょう。子どものときの針から大人の針へと生え変わる時期は不快感が大きく、触られたくないともいわれます。

抱っこの練習をしよう

ハリネズミは、素手で抱きあげることができます。人の手に対する警戒心がなくなってきたら、抱きあげる練習を行いましょう。ここではふたつの方法を紹介します。

左右からすくいあげる

ハリネズミの前からアプローチします。ハリネズミを左右からすくいあげるようにして両手の上に乗せましょう。片手で体を包むように支えながら、膝に乗せたり胸元で抱きかかえるようにします。

乗ってくるのを待つ

ハリネズミの前に片手を出して、乗ってくるのを待ちます。完全に乗ったら持ち上げながら、両手で包むようにして抱きあげます。抱きあげたあとはやはり膝に乗せたり胸元で抱きかかえるようにしましょう。

左右からすくいあげるようにする

手に乗ってくるのを待つ

ハリネズミとしつけ

Chapter 6
ハリネズミとの
コミュニケーション

トイレトレーニング

　犬に行うようなしつけをハリネズミにするのは難しいことです。しつけはできないと考えておいたほうがいいでしょう。ただし、習性を理解すればトイレトレーニングは不可能ではありません。「隅に排泄をする」「自分の排泄物のにおいがする場所に排泄する」という習性を利用します。過度な期待はできませんが、試してみる価値はあります。

❶ 出入り口が低くハリネズミが出入りしやすいトイレ容器にトイレ砂を入れ、ケージの隅に置きます。

❷ ハリネズミが別の場所でした排泄物をふきとったティッシュペーパーや排泄物がついた床材をトイレ容器に置きます。

❸ トイレ以外の場所で排泄したら、においが残らないよう丁寧に掃除をします。

❹ トイレで排泄するようになるまでこれを繰り返します。

❺ トイレは置かず、ケージの隅にトイレ砂などを敷いて排泄場所にする場合も同じようにしましょう。

❻ どうしても別の場所に排泄する場合は、その場所にトイレ容器を置いたり、トイレ砂を敷いて排泄場所にします。

❼ 部屋で遊ばせているときに、室内に設置したトイレを使うように教えることもできますが、空間が広いぶんだけ覚えにくいものです。多くの場合は隅のほうで排泄しますから、広めに新聞紙やペットシーツを敷いておくというのが無難でしょう。

噛み癖

　ハリネズミが人を噛む理由はさまざまです。よくあるのは、食べ物と間違えて噛むことです。空腹だったり、食べ物のにおいがついていたのかもしれません。顔の前に手を出すと、食べ物か確認するために噛むこともあります。

　噛まれると「攻撃された」と思いがちですが、ハリネズミは攻撃的な動物ではありません。逃げ場のない恐怖や不安から極限状態になって噛みつくことがあります。時間をかけてゆっくり慣らしていきましょう。妊娠中や子育て中は子どもを守るために攻撃的になることもあります。

　飼育環境や接し方によるストレスも噛みつく原因になります。また、体に痛みや不快感があるときも同様です。環境や健康状態の見直しを行いましょう。

　噛みつかれたとき、手を引くとますます強くかみついてきます。やめさせる方法として、霧吹きで軽く水をかけたり、息を吹きかけるというものが知られています。

　噛むのをやめさせようと好物を与えたりすると、好物ほしさに噛むように学習してしまうことがあるので気をつけてください。

ハリネズミの多頭飼育

Chapter 6
ハリネズミとの
コミュニケーション

原則は1匹ずつ

　野生のハリネズミは、親から離れて独立したら1匹だけで暮らす単独性の動物です。そのため、飼育する場合もひとつのケージに1匹ずつ、単独生活をさせるのが基本です。

　ひとつのケージで複数のハリネズミを飼うときに起こる問題としては、まず闘争があります。特にオス同士を大人になってから一緒にするのは難しいことです。

　また、同じ場所に複数のハリネズミがいると、食べ物が残っているが食欲がないのは誰なのか、排泄物の状態がよくないのは誰なのかといったことがわかりにくいという点もあります。

同居の手順

　繁殖のためペアのペアリングなど、別々に飼われていた大人のハリネズミを同居させる手順は以下の通りです。

　迎えたばかりのハリネズミは、すぐに一緒にせず、離して飼って健康状態を確認します（検疫期間）。その後、ケージを隣同士に置いたり、においのついた床材や寝床を交換するなどして、相手のにおいに慣らしていきます。それをしばらく続けたあと、部屋の中など中立の場所で会わせてみます。何度か続けてみて相性がよさそうなら、新たな住まいで同居を始めましょう。同居を始めたあとも、ケンカがないか、どちらかがストレスを感じているようなことがないか様子をよく観察してください。

同居できる可能性のある組み合わせ

　同じときに生まれたメスのきょうだいは、仲がよければそのまま同居を続けられる可能性が高いでしょう。オスのきょうだいの場合、性成熟し、大人になってからケンカになる可能性があります。性成熟後は別々にしたほうがいいでしょう。

　もし仲のいいハリネズミを一緒に飼い続けるなら、十分な広さのケージを用意してください。寝床や回し車などの飼育グッズを複数用意する必要もあります。

　オスとメスの組み合わせは、相性がよければケンカになりませんが、子どもが増えることも考えなくてはなりません。

　同居させる場合、相性がよくないと判断したらためらわず別居させる決断力が必要です。

ハリネズミと遊ぼう

暮らしに遊びを取り入れよう

　ハリネズミは運動量が多く、好奇心も旺盛です。生活のなかにいろいろな遊びを取り入れることで、体も心も満足させましょう。人と同じような意味での「遊び」ではありませんが、ハリネズミの本能を満足させ、生活の質を高める行動レパートリーを増やすことをハリネズミの「遊び」と考えたいと思います。

遊びで本能を満足させる

　もともと野生下で行っていた本来の行動をさせることが、本能を満足させる助けとなります。獲物を探してあちこち探検する、穴を掘る、狭いところにもぐりこむなどの、野生のハリネズミがやっている行動を再現できる環境を作りましょう。82ページで紹介したような昆虫類の与え方も、彼らの本能を満足させる方法のひとつです。

刺激のある遊びを取り入れる

　ハリネズミの暮らしにも刺激が必要です。過度な刺激はよくありませんが、好奇心をくすぐり、ものを考えさせたり、いつもと違う行動を促すような適度な刺激なら取り入れるといいでしょう。新しい遊びグッズを導入するのもそのひとつです。高齢や病気の個体などできるだけ刺激の少ない環境が必要な場合は除きますが、適度な刺激を生活に取り入れ、退屈しない毎日を送らせましょう。

コミュニケーションも遊びのひとつ

　ハリネズミとは、犬と遊ぶように一緒に遊ぶことはできませんが、コミュニケーションをとりながら遊ぶことはできます。名前を呼ばれたら飼い主の近くに行くと好物がもらえる、というのは、飼い主とハリネズミにとっての十分な相互コミュニケーションです。こうした遊びをすることでハリネズミは飼い主と一緒にいることを楽しく感じるようになるでしょう。

ひとり遊び

回し車

　ハリネズミのひとり遊びの代表は回し車です。長い時間、走っているハリネズミも多いものです。回し車を使うこと自体はハリネズミの本能的な行動ではありませんが、長距離を移動したつもりになれるという意味では本能を満足させる行動でしょう。簡単に取り入れられる遊び（運動）のひとつとして、回し車をおすすめします。（選び方などについては58ページ参照）

狭い場所にもぐる

　ものかげなどを巣にしていたハリネズミにとって、トンネルやチューブなどは安心して隠れられる場所となるでしょう。ケージ内だとあまり長いものを置くのは難しいですし、空間が狭くなりすぎるのもよくないですが、遊ばせる場所にトンネル類で作った迷路のようなものを置くのも楽しいでしょう。ざっと畳んだフリース布にもぐるのも好きな遊びのひとつです。

　なおトンネル類はハリネズミが楽に通り抜けられる直径のものにしてください。狭いものに頭だけを入れて動き回っていると、ものにぶつかるなどして危険です。

そのほかの遊び

　ハリネズミの遊びはまだまだ発展途上です。ボールやぬいぐるみを鼻先でつついて転がしたり、くわえて運ぶなど、いろいろな遊びメニューが発見できることと思います。目新しいおもちゃを前に、これは何だろう？　と探索するのもいい遊びになります（おもちゃを舐めて唾液塗りをすることもあります）。かじっても安全なものを選んでください。

室内散歩の必要性

　広いケージでハリネズミが退屈せずに暮らせ、飼い主とのコミュニケーションも十分にとれるなら、必ずしもケージから部屋に出して遊ばせなくてもいいでしょう。

　ただ、ケージだけではどうしても狭いですし、コミュニケーションもとりにくいので、可能であれば部屋に出して運動する機会や飼い主との遊びの機会を作りましょう。

どこで遊ばせる?

　ハリネズミは安全な場所で遊ばせる必要があります。危険なものがなく、いつでもハリネズミの動きを把握できる室内で遊ばせてください。

　室内の安全性を確保するのが難しい場合は、ペットサークルなどを使って遊ばせてもいいでしょう。犬用のサークルなどでは柵の幅が広くてハリネズミが脱走するので、目の細かい網を張ってください。100円ショップで売っているワイヤーネットでサークルを作ることも可能です。海外の飼育情報では、子ども用のビニールプールを遊び場所にする事例がよく紹介されています。

いつから遊ばせる?

　ハリネズミを迎えたら、まずケージ内での暮らしや飼い主の存在に慣らしてください。ケージから出して遊ばせるのはそのあとです。

どのくらい遊ばせる?(時間・頻度)

　遊ばせる時間の長さに決まりはありません。飼い主が負担を感じず遊ばせられる時間でいいでしょう。頻度は毎日が理想です。

室内散歩の注意点

　部屋に出して遊ばせたいと思ったら、まず室内の安全点検を十分に行い、危険箇所があったら対策を行いましょう。床上5cmほどの高さがハリネズミの目線だということも考えて点検してください。

電気コードに注意

　電気コードをかじると、感電したり、漏電して火災の危険もあります。保護チューブを巻いたり、敷物の下や壁の上部など、ハリネズミが触れないところを通すようにしましょう。コードがたくさんあるテレビやパソコンの裏には行けないようにしてください。

足元に気をつけて

　慣れてくるとハリネズミは足元にも近づいてくるようになります。うっかり踏んだり、蹴ってしまわないよう気をつけましょう。ものの下にもぐりこむので、ラグマットの下、クッションや座布団の下にも注意を。ハリネズミを遊ばせているときは、どこで何をしているのかいつも把握するようにしましょう。

脱走させない

　窓やドアの隙間から外に出ないよう、遊ばせる前に必ず戸締りの確認をしてください。また、安全な部屋からほかの部屋へ行かせないようにしましょう。キッチンや風呂場などの水周りも危険です。

高いところ

　ハリネズミの爪はリスのような鉤爪ではないので、なにもない壁をよじ登るようなことはありませんが、足場になるものがあれば、高いところまで登ってしまいます。そこから飛び降りたりすると大変危険です。

狭いところ

　家具の間や下などのわずかな隙間でも、頭さえ入ればもぐりこんでしまいます。なかなか出てこなくて困るだけでなく、落ちているものを食べてしまう危険もあります。ホウ酸団子やネズミ捕り、ゴキブリ捕りなどを仕掛けているのを忘れていないでしょうか。狭いところは奥まで掃除をするとともに、ふさいで入り込まないようにしてください。

そのほかの危険なもの

　薬の錠剤を床に落としたままにしていたり、灰皿を床に置いてあるなど、口にすると危険なものはきちんと片付けておきましょう。そのもの自体には毒性はなくても、かじって飲みこむと危険なもの（輪ゴム類や小さな部品など）にも注意しましょう。

　観葉植物や園芸植物の中にも、毒性のあるものが少なくありません（ポトス、カラー、クリスマスローズ、シキミ、シクラメン、スイセン、スズラン、ディフェンバキア、ヒヤシンス、ポインセチアなど。ほかにもたくさんあります）。植物自体が安全でも、化学肥料、害虫駆除剤などを使っている場合があります。こうしたものはハリネズミを遊ばせる場所には置かないでください。

屋外散歩について

　ハリネズミを屋外に散歩に連れていく場合もあるようです。地面の上を歩き回ることは本来の暮らしに近く、においをかぎまわったりすることはハリネズミにとって楽しいことかもしれません。

　しかし屋外にはノミやダニなどの外部寄生虫、犬や猫との遭遇など多くの危険があります。土壌や草が農薬等で汚染されている場合もあります。ハリネズミに使う首輪やハーネスはありませんし、使うべきでもありません。自由に遊ばせていて逃げてしまえば大きな問題になりかねません。

　また、見知らぬ場所、見知らぬにおいに囲まれることがそのハリネズミにとっていい刺激なのかどうかを判断するのは難しいことです。室内だけで飼ってもハリネズミのストレスになるわけではありません。リスクを負ってまでわざわざ屋外に連れていかねばならないということはないのです。

　どうしても屋外に出したいという場合は、危険がないかどうか、ハリネズミが屋外を楽しんでいるかどうかをよく確認したうえで行ってください。

　春や秋の天候のいい日に、犬猫がおらず除草剤などが散布されていない場所で、ハリネズミが脱走できない網目・高さのサークルを使って場所を区切って遊ばせるといいでしょう。必ず日陰を作り、飲み水も用意してください。

わが家の遊びとコミュニケーション

Chapter 6 ハリネズミとのコミュニケーション

個体差の大きいハリネズミの慣れ具合。どのくらいの距離感が適しているのか考えながら遊んだりコミュニケーションをとるのもハリネズミ飼育の特徴のひとつです。みなさんの遊びとコミュニケーションの様子をご紹介しましょう。

（情報は2015年11月〜2016年2月にかけての内容です）

見て楽しむのが中心です

わが家では無駄にハリネズミに触ったりしません。ケージにライブカメラをつけているので、様子を見て楽しむのが中心です。昼間、仕事中に見たり、夜は自分が別室に移動したあと回し車を使っているのを見たりしています。ただし、体重を測ったりするときに健康チェック程度には触っています。嫌がることはなく、虫をあげたりしながら抱っこしています。（はるさん）

針に慣れるのが大事

毎晩、少しでもいいのでストレスにならない程度に触れ合うのが一番効果的だと思います。あとは、ごはんをあげる前に手のにおいをかがせてからあげたり、好物のフェレットフードを指からあげたりしています（噛みグセがつく子もいるそうなので、全員にオススメできる訳ではありませんが…）。あとは、飼い主が針に慣れてびくびくしなくなると、向こうも落ち着いて接してくれる気がします。飼い主側が、少々痛くても我慢する、針の痛さに慣れることが大事だと思います。（ひぃさん）

ハリネズミ・アンケート
うちのハリネズミが好きな遊び

ハリネズミを飼っている60名の皆さんに、ハリネズミが好きな遊びについてお聞きしました。いろんな遊びで楽しんでいる様子がわかります。

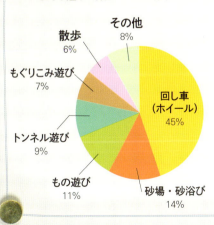

- その他 8%
- 散歩 6%
- もぐりこみ遊び 7%
- トンネル遊び 9%
- もの遊び 11%
- 砂場・砂浴び 14%
- 回し車（ホイール）45%

遊びのなかでは回し車がだんとつの一番人気、次いで砂場・砂浴びが好まれているよぅです。もの遊びではトイレットペーパー芯が多く、ほかには靴下を振り回す、割り箸を引っ張る、というお答えも。もぐったり遊んだりと毛布を好きなハリネズミが多いようでした。これからも新しい遊びがいろいろと生まれそうですね。

においを覚えてもらいます

においに敏感なので強いにおいを身につけないよう気をつけています。なるべく同じハンドソープで手を洗ってから触れ合っています。手を出すとにおいをかいで確認してから乗ってきたりします。たまに手洗いを忘れたり違うにおいだと、かいでも逃げたりします。いいにおいのハンドクリームをつけたとき、ぺろぺろなめてからガブッと噛まれたことがあります。食べられると思ったようです(笑)　やはり飼い主のにおいを覚えてもらうのは仲よくなるためのひとつの方法かなと思います。（jun*さん）

「毎日」の積み重ねで

毎日それぞれの子と一対一で触れ合います。ご飯をあげたり、体の上に毎日乗せたり。とにかく毎日することで徐々に慣れていったと思います。コロンはショップでこの子は慣れないと言われ売れ残っていましたが、ベタ慣れになり、お腹マッサージや服に包まれて寝るのが好きです。マロンは私の足とクッションの間で寝ることが好き、レモンは腕か手にぺったりくっついて寝るのが好きです。タオルで包んで抱っこするのはどの子も効果的だったと思います。私のお腹の上に乗せ、呼吸のたびにお腹が膨れたりすることに安心していたように感じます。

お腹のマッサージなどを嫌がられても、ハリネズミのストレスにならない程度に飼い主が諦めないというのも大事かもしれません。ある日急に触らせてくれるようになると言いますが、うちもそうでした。（Moeさん）

平常心と距離感の見きわめ

威嚇されてもこちらは平常心でびびらず接することは、全員に効果があった気がします。他の家族はびくびくしていたため、ハリネズミから余計警戒されていました。

お気に入りの布や寝袋にくるんで、膝の上で地道に触れ合いや寝かしつけをしていたら、少しずつ慣れたように感じます。

ただわが家の子たちは4匹とも性格がばらばらで本当に個体差の大きい動物だなあと思っています。お腹を出してなでられながらくつろぐ子もいれば針を触られるのを嫌がる子もいるので、その子に合わせた距離感を見きわめてあげるのが、よいコミュニケーションに繋がる気がします。（穴さん）

常に話しかければ言葉を覚えます

以前飼っていたハリーにはひたすら喋りかけ、本人も人間のつもりでいたような感じがしています。私が話し始めるとまるで相槌をうつように、口をクチュクチュと合わせて喋って(?)いました。人間の言葉を聞き取り、「ごはん」「トイレ」という言葉は解っていたようです。トイレの場所を覚えた子だったのですが、たまに違う所でやったときに「トイレはここ」とトイレを指すと次の日は必ず正しい場所でしていたこともありました。

現在のモグは少々神経質な性格で、体を触るとその場所を掻く癖があるので、必要以上に触らないようにしています。そのため、少しでも慣れるようにと毎晩ごはんを私の手に乗せて食べさせています。手にはごはんがあるとインプットされているので、手を追いかけてくることもしばしばです。気ままな性格なのでごはんの途中で回し車を回したり、寝てしまったり。寝たときは数分後に「ごはん残ってるよ」と声を掛けると思い出し、起きて再び食べ始めます。

常に話しかけることにより、言葉を覚える動物だと思います。(のこさん)

照明や音量にも気を配る

食後、少ししてから触れ合います。そのさい、照明の照度を落とし、テレビの音量を下げ、気温を調整するように設定をしています。そして名前を呼びつつ、使い慣れてるタオルで包んでケージから連れてきて、床から低い位置で触れ合っています。

好物のミールワームをあげてみたり、見つめあったり、トンネルなどのおもちゃで遊ばせてみたりします。おでこや右耳裏をこしこしとマッサージされるのが好きな子もいます。コミュニケーションの時間はだいたい30分前後です。

好きな遊びはホイール、プラスチック製蛇腹トンネルくぐり、部屋散歩、布団やタオルにもぐってたまに顔を出すこと。飼い主の脇やソファーと背中の間も好きです。股関節のあたりがちょうど体にフィットするらしく落ち着くようです。(whale@fly_shinyさん)

無理せず距離をとりながら

なかなか慣れてくれない子だったので苦労しました。触れられるのが嫌いなので、なるべく触らずに名前を呼んだり話しかけるようにして、ごはんを食べているときになでるだけにしたりしました。無理に慣れてもらおうとせず、距離をとって慣らすようにしたのがよかったようです。

最近では毛布にくるんで抱っこしたり、顔をなでたり、話しかけると見つめるのでそれを楽しんでいます。(maiさん)

ハリネズミ COLUMN ハリハリ写真館 PART 2

PERFECT PET OWNER'S GUIDES

Chapter 7

ハリネズミの繁殖

繁殖の前に

Chapter 7 ハリネズミの繁殖

繁殖は貴重な経験

　かわいい「わが子」の赤ちゃんが見てみたい、カラーバリエーションを楽しみたいなど、ハリネズミの繁殖に挑戦しようとする動機はさまざまです。

　新しい命の誕生に立ち会うのは、とても感動的な体験です。母ハリネズミが懸命に子育てをし、子どもたちはすくすくと育っていきます。まだ小さいのに丸まることができたり、唾液塗りをしたりと、どんどんハリネズミらしく成長していきます。

　繁殖は、命というものを身近で感じる貴重なときだといえます。

繁殖は責任をもって

　ハリネズミに限らず野生の動物たちは、自分の遺伝子を次の世代につなぐことを最大の目標として生きています。しかし必ずしもすべての個体が子孫を残すことができるわけではありません。運によるところも多いでしょう。しかし飼育下では、繁殖には飼い主が介在します。飼い主がオスとメスを一緒にするから、新しい命が生まれるわけです。繁殖させるにあたっての責任は飼い主にあることを納得したうえで取り組みましょう。

すべての子どもたちへの責任

　一度に平均3〜4匹生まれる子どもたちすべてに責任をもつことができるでしょうか。子どもたちすべてが幸せな生涯をすごせるようにしなくてはなりません。ハリネズミは単独飼育が原則ですから、ケージの置き場所や世話の時間、費用などの負担が大きくなります。里親募集をする場合には、信頼できる飼い主を見つけなくてはなりません。

　なお、繁殖させた子どもたちの譲渡に関しては、動物取扱業の登録が必要になるケースがあります（43ページ）

母親ハリネズミへの責任

　子どもを生み、育てることは、動物にとっては命がけの行動です。体に大きな負担もかかります。母親となるハリネズミが妊娠、出産、子育てに耐えられるだけの体力があるかどうかをよく考える必要があります。

外来生物を繁殖させる責任

ハリネズミはもともと日本にいない外来生物（45ページ）です。現時点でヨツユビハリネズミに飼育や繁殖の制限はありませんが、無責任に屋外に遺棄するような人が増えれば、将来的に輸入や飼育が禁じられる可能性もあります。外来生物を飼っているだけでなく、繁殖させることには大きな責任があることを理解してください。

ハリネズミの繁殖データ

性成熟……オス6〜8ヶ月　メス2〜6ヶ月

「性成熟」とは、オスは精巣が発達して精子が作られ、射精できるようになること、メスは卵巣が発達して卵子が作られ、排卵が起こることをいいます。繁殖に関わる機能が完成したことを意味しますが、体の成長はまだ終わっていません。性成熟すれば繁殖は可能になりますが、体も心もまだ子どもです。早期の繁殖はメスに大きな負担となりますし、育児放棄を起こすことも多いのです。

なお、オスはもっと早く性成熟に達することもあり、生後5週で妊娠させることができたというデータもあります。

繁殖適期……6ヶ月以上（メス）

メスを繁殖させるのは、体がしっかりとできあがった生後6ヶ月以上にしてください。

高齢になりすぎている個体も避けたほうがいいでしょう（2〜3歳くらいまで）。

繁殖シーズン……一年中

野生下では10〜3月が繁殖シーズンですが、飼育下では一年中、繁殖が可能です。

発情周期……9日間の発情期と7日間の休止期を繰り返す

「発情周期」は、メスが繁殖可能な時期（発情期）が訪れる周期のことです。オスは性成熟したのちはいつでも繁殖可能な状態になっています。

排卵……交尾刺激排卵

一定期間ごとに排卵が起こる自然排卵ではなく、交尾の刺激によって排卵する交尾刺激排卵ではないかと考えられています（自然排卵だとする資料もあります）。

妊娠期間……34〜37日

平均すると35日くらい、短いと29日、長いと58日というデータもあります。

産子数……平均3〜4匹

一度に生まれる子どもの数です。少なければ1匹だけのこともありますし、多いと7匹、あるいは11匹というデータもあります。

オスとメスの見分け方

オスとメスは、肛門と生殖器の距離で見分けます(写真参照)。オスは肛門と生殖器の位置が大きく離れています。陰茎はお腹の中心にあり、でっぱったおへそのように見えるかもしれません。「お腹のボタン」と称されることもあります。メスは肛門と生殖器が隣接しています。

ハリネズミを仰向けにして確認できない場合は、プラケースに入れ、下から見上げて確認してみてください。

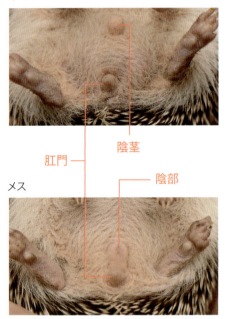

オス

メス

陰茎
肛門
陰部

繁殖させたい個体の状態

繁殖を成功させるには、その個体が繁殖に適しているかを見きわめることが大切です。特に母親となるメスの健康を損ねることがないよう、よく考えてください。

年齢

「性成熟」と「繁殖適期」とは違います。繁殖は、最低でもメスが生後6ヶ月をすぎてから行いましょう。高齢になってからの繁殖も体への負担が大きいので、2〜3歳以降の繁殖はやめておいたほうがいいでしょう。オスはメスほど厳密に考えなくてもいいですが、やはり年をとれば精子を作る能力も衰えてきます。あまり年をとってからの繁殖は控えましょう。

繁殖させるつもりがあるなら、遅くならないうちに初産を経験させたほうがいいかもしれません。生後1年半までに出産を経験させないと骨盤結合部の融合が起こり、難産になるといわれています。

健康状態

　繁殖させたいハリネズミは健康でしょうか。妊娠や子育ては、母親ハリネズミにとっては体力を消耗するものです。年齢(若すぎる、高齢すぎる)だけでなく、健康状態にも留意しましょう。普段から体調があまりよくない子、病気をしたばかりの子や極端に痩せすぎや太りすぎの子も繁殖に適していません。

　また、迎えたばかりのハリネズミを繁殖に使う場合は、検疫と健康チェックを済ませておくようにしましょう。

性質

　人によく慣れていて、おおらかな性質の子が繁殖に適しています。親ハリネズミの性質がそのまま子どもに遺伝するとは限りませんが、臆病な気質を受け継ぐ可能性はあります。子育て中の環境も子どもの性格形成にも大きく影響するでしょう。怖がりで神経質な母親ハリネズミが常にびくびくしている状態だと、子どもも怖がりになることも考えられます。

　また、母親がどんな性質でも子育てをじゃましてはいけませんが、母親が怖がりだとちょっとしたことに驚いて育児放棄をすることもあるため、慣れている個体以上に気を使わなくてはならないでしょう。

血縁

　親子やきょうだいのように血縁関係が近い個体同士での繁殖は避けてください。体の弱い個体が生まれるなどのリスクがあります。近親交配(インブリーディング)は、品種改良やカラーバリエーションを作出するときなどに、きちんとした知識をもったプロのブリーダーが行う特別な交配方法です。

　また、遺伝性疾患のある個体も繁殖に使わないでください。繁殖させる子は健康だとしても、血縁関係のあるハリネズミに遺伝性と思われる病気があるなら、繁殖させないでください。遺伝性疾患の遺伝子をもっている可能性があります。

繁殖の手順と注意点

お見合い〜求愛・交尾

　ここでは、別々に飼育しているハリネズミのお見合い方法の一例を紹介します。

　最初は、においによって相手の存在に慣らすところから始めます。オスとメスのケージを隣同士に並べて置いたり、においのついた床材や寝床を交換するなどして、お互いの存在を十分に理解させたあとで会わせてみましょう。

　オスは、メスのにおいをかいだりピーピーと小鳥のような鳴き声をあげながらメスの周りを歩きまわり、噛みついたりする求愛行動をします。メスは針を立てたりフッフッと鳴いて威嚇しますが、受け入れる場合は背中を平らにしてお尻を上げる姿勢をとり、交尾に至ります。オスはメスの背中に噛みついて体を支えます。また、メスがほかのオスとの子どもを作らないよう、蝋状の物質をメスの腟内に出して栓をします。

　メスがオスを受け入れようとしなかったり、激しいケンカになるようならオスとメスをいったん分け、また数日後（発情周期を考えると1週間後）、改めて機会を設けてください。

同居させる方法

　激しいケンカにならないなら、オスとメスのお見合いを数日間、毎晩会わせるか、短い期間、同居させます。メスの発情とタイミングを合わせ、交尾を確実なものにしなくてはいけませんが、同居によるストレスも避ける必要があります。4〜5日間一緒にし、4日間別居させ、また4〜5日間一緒にするという方法が知られています。

　中立のケージに入れる方法と、どちらかのケージに入れる方法があります。多くは、オスを不慣れな場所に置くことを避けるために、オスのところにメスを入れています。

交尾のあと

交尾が確認できたり、数日間の同居のあとは、オスとメスを別々にします。ハリネズミのオスはメスの子育てを手伝うことはありませんし、妊娠中、子育て中のメスにとってはストレスの原因になります。

妊娠中

交尾、あるいは短い同居のあとはオスとメスを別々にし、メスが落ち着いて妊娠期間をすごせるよう環境を整えましょう。

環境

出産が近づいてから環境を変えるのは危険ですから、飼育環境が適切でないなら早めに整えておきましょう。子育てをする寝床が狭ければ十分な広さのものを置きましょう。寒い時期や寒暖の差がある時期にはペットヒーターが欠かせないので準備しておきます。ケージ全体の大掃除は出産後2週間くらいまでしないほうがいいので、早めに大掃除をしておきましょう。ケージ側面の網目の幅が広いと、歩きまわれるようになった子どもが脱走することがあるので、目の細かい網を張ったり、水槽などケージではない場所で子育てをさせてもいいでしょう。

食事

妊娠中や子育て中には高タンパクな食事が必要になります。どんなフードでも食べる子なら高タンパクなものに変えたり、フードはそのままで動物質の副食を増やすなどするといいでしょう。お腹にいる子どもの数によっては通常の食事の2〜3倍が必要とする情報もあります。ただし、肥満になりすぎないよう注意してください。なお、出産直後は食欲がないこともあります。

運動とコミュニケーション

ある程度は体を動かすのもいいことです。様子を見ながらそれまで通りの運動をさせても問題ありません。ただし、散歩の時間は徐々に短くしていき、出産予定日の5日前くら

いになったら散歩はお休みさせるといいでしょう。散歩中のコミュニケーションは、もともと人によく慣れている子なら問題ありませんが、あまり慣れていない子は出産を前にして警戒心が強くなるので、そっとしておいたほうがいいでしょう。回し車は、子どもが動き回るようになると危険なので、出産までにはどかしておきましょう。

出産〜子育て中

　出産が近づくと落ち着きがなくなり、直前になると食欲が落ちます。寝床にこもり、出産すると小さな鳴き声が聞こえてきます。出産は夜間が多いようです。子育て中は母親ハリネズミがとても神経質になっている時期でもあるので、落ち着いて子育てできるよう静かに見守りましょう。

環境

　出産後2〜3週は、母親は多くの時間を寝床で赤ちゃんハリネズミと一緒にすごします。母親の性格や慣れ具合にもよりますが、生後5〜14日くらいまでは特に注意してハリネズミのプライバシーを守ってください。落ち着かない環境だと判断すると、子どもをくわえて引っ越そうとしてうろうろするようになったり、悪くすると子どもを殺すことがあります。

　掃除は控えますが、排泄物で汚れた床

妊娠の見きわめ方

　妊娠したかどうかを確かめる方法のひとつは体重の増加です。3〜4週のうちに40〜50gほど増加します。ただし個体差もあり、ほとんど増えない個体や200gくらい増える個体もいます。また、妊娠後期になると乳首が目立つようになります。寝床に巣材を集める行動がみられることもあります。

材などは、手早く静かに取り除きます。子育てしている場所の近くはいじらないようにしましょう。ストレスを与えないよう、大きな物音や見知らぬにおいを避けてください。薄暗くしておくといいでしょう。

食事

赤ちゃんに十分な母乳を与えることができるよう、良質で高タンパクな食事と十分な飲み水を与えてください。母親が警戒心をもたないよう、与えたことのないような副食を急に与えるのはやめておきましょう。

赤ちゃんへの対応

子育てはすべて母親ハリネズミに任せておいてください（人工哺乳が必要な場合を除く。141ページ参照）。

赤ちゃんハリネズミの成長を確かめるために、体重を測ることもあるかと思います。そのさいは母親が警戒心をもたないよう、きれいな手袋をするなど素手で触らないようにしてください（母親が飼い主のにおいに慣れているとしても、子育て中は警戒心が高まるため万全の注意を）。寝床から出てしまった赤ちゃんを戻すときも同様に、においをつけないようにしてください。プラスチック製のスプーンですくいあげ、体を冷やさないようできるだけ早く母親のもとに戻してください。

初乳の大切さ

母親が出産後すぐに泌乳する母乳を「初乳」といいます。初乳は特に栄養価が高いうえ、抗体などの免疫物質が含まれており、免疫力のない赤ちゃんハリネズミを守るためのとても重要な母乳です。初乳をしっかりと飲ませるためにも、出産後の落ち着いた環境が大切なのです。

離乳まで

　母乳を飲みながら子どもたちはすくすくと成長していきます（成長過程：142ページ参照）。生後3週くらいになると大人の食事にも興味をもつようになりますが、主食はまだまだ母乳です。大人の食事を徐々に食べるようになってくるのにともない、与える食事量を増やしていってください。特別な離乳食は必要ありませんが、ドライフードは砕いたりふやかしたりする、副食は小さく切るなど、食べやすいようにしましょう。

　生後6～8週になると、子どもを母親から離すことができます。急に1匹だけになって体を冷やさないよう、温度管理に注意しましょう。子どものうちメスはそのまま母親と一緒にしていても問題ありませんが、オスはいつまでも一緒にしていると近親交配のリスクがあります。

　また、離乳の頃は、子どもたちが少しずつ広い世界を知り、いろいろなものに慣れやすい時期でもあります。母親ハリネズミの慣れ具合や個体差にもよりますが、離乳の頃から徐々に子どもたちを人に慣らしていきましょう。

針の成長

　生まれるとき、赤ちゃんハリネズミの背中にはすでに100本ほどの針が存在していますが、皮膚が大量の体液で満ちていて針が埋もれているため、針が産道を傷つけることはありません。体液は生まれて数分で吸収されはじめ、1時間もしないうちに白くて軟らかな針があらわれます。針は24時間ほどで生えそろいます。

　針は3世代に分かれて生えてきます。最初に生えている針のあと、生後2日目から2～3週頃までに2世代目の針が成長します。そのあと6週頃までに大人の針と置き換わります。

起こりえる繁殖トラブル

　子育てに向いていない環境だったり、赤ちゃんが奇形や虚弱のために生きられないと母親が判断すると、育児放棄をしたり、子食いすることがあります。

　むやみに寝床をのぞきこむなどの落ち着かない環境、不用意に赤ちゃんに触る、食べ物や水の不足なども原因です。また、母親ハリネズミが若すぎる、初産など、経験の少ない場合にも起こりやすいものです。

　子食いは、生き延びられない子を育てるのにエネルギーを使うより、次の機会に賭けるために栄養にするという本能に従った行動です。生後2週をすぎれば普通は起こりませんが、もっと遅くに起きることもあるので、可能な限りよい環境を作るよう努力しましょう。

人工哺乳

　育児放棄や母親が死亡したときは、同じくらいの日齢の子を育てている母親が別にいる場合は、その母親の尿のにおいを残された子どもの体につけたうえで寝床の中に入れると、運がよければ一緒に育ててくれます。もうひとつの方法は人工哺乳です。

食事(ミルク)

　ペットミルク(犬猫用か山羊ミルク)を、最初は薄めに、徐々に規定の濃度で溶きます。生後3週までは2～4時間ごとに、日数がたつにつれて間隔を開けます。人肌程度に温め、針なしシリンジやスポイトを使って飲みたがるだけ与えます。お腹に前回のミルクが残っているなら(幼い時期は透けて見えます)、一度に与えすぎているか、飼育環境の温度が低すぎます。体が垂直になるように保持し、誤嚥させないように少量ずつ飲ませましょう。

　4週頃から徐々に大人と同じ食べ物を与えはじめます。ドライフードは必ずふやかし、ミールワームは脱皮したばかりの軟らかいものを与えてください。

＊ハリネズミの乳汁成分(100g中)
タンパク質 16g、炭水化物 微量、脂肪 25.5g

環境(温度)

　プラケースにフリースなどを厚く敷いた寝床を作り、ペットヒーターの上に乗せます。子どもを直接ヒーターの上に乗せるのではなく、ヒーターの熱で寝床を暖かくすることによって間接的に暖める方法をとります。最初の2～3週は32～35度ほどにします。

排泄

　幼いうちは自力で排泄できず、母親が下腹部を舐めることで排泄が促されます。ミルクを飲ませたあと、ぬるま湯にひたしたコットンなどで下腹部を優しくこすり、排泄を促してください。

体重

　毎日計り、成長の様子を記録してください。1週目は毎日1～2g、2週目は3～4g、3～4週は4～5g、60日頃までは7～9g増えていきます。離乳を開始するとわずかに体重の減少がみられます。

Chapter 7 ハリネズミの繁殖

子ハリネズミの成長過程

ハリネズミの赤ちゃん誕生から、立派な若者になるまでの様子を見ていきましょう。
お母さんハリネズミに守られながら、赤ちゃんはすくすくと成長していきます。

生まれたばかりの赤ちゃん
写真は、産み落とした直後のとても貴重な姿。2匹の赤ちゃんが写っています。お母さんが赤ちゃんの体を舐めているところ。右側の赤ちゃんは仰向けになっていて、お母さんの左手があるあたりが顔。背中にはまだ針が見えないことがよくわかります。
（写真提供：milk さん）

1日目（生まれた日）
生まれて数分すると体液は吸収され始め、1時間もたたないうちに皮膚の下から白くて軟らかい針があらわれます。24時間もすると生えそろいます。生まれたときはまだ目も耳の穴も開いていません。
（写真提供：かなりんさん／以下同様）

2日目
最初は軟らかかった針も、硬く、鋭くなり、4.9〜5.5mm ほどになります。

4日目
おっぱいを飲む赤ちゃんたち。おでこのところの針の分け目がよくわかりますね。

14日目
どこから見ても立派なハリネズミ。
生後2週目になる頃には体を丸められるようになっています。

25日目
大人のご飯を食べるようになっても、やっぱりお母さんのおっぱいが好き。

18日目
もう唾液塗りだってできるんです。

31日目
離乳はまだまだですが、ご飯を食べるのも上手になりました。

49日目
離乳できる時期になりました。

ハリネズミの成長段階

誕生	体重オス13g、メス9g
1〜2時間	最初の針があらわれる
10日目	体重オス120g、メス80g（平均40〜130g）
10〜14日	丸まれるようになる
15日目	唾液塗りがみられる
18日目	目と耳が開く、被毛が生える（平均14〜24日）
21日目	歯が生える。動きまわるようになる
4週	しっかりと丸まることができるようになる
6〜7週	オスとメスを分ける
6〜8週	離乳。子どもによっては12週以上母乳を飲んでいる
10〜12週	オスをそれぞれ分ける
3〜6ヶ月	体重オス450〜600g、メス315〜450g

"Hedgehogs (Complete Pet Owner's Manuals)"
(Barron's Educational Series, Inc)より抜粋
【注】一度に生まれる頭数や栄養状態により、成長段階には個体差があります

ハリハリ写真館 PART 3

PERFECT
PET
OWNER'S
GUIDES

Chapter 8

ハリネズミの
健康

ハリネズミの健康のために

健康を守るために大切なこと

　縁あって家族として迎えたハリネズミには、健康で長生きしてもらいたいものです。そのためには、「適切な飼い方をする」という基本的なことがとても大切です。

　温度や衛生面などの飼育環境を整え、適切な食事を提供しましょう。適度な運動も大切です。そして、それぞれの個体に適したコミュニケーションをとり、できる限りストレスの少ない暮らしをさせてあげましょう。そして、ハリネズミの様子をいつもよく観察し、飼い方に問題があれば改善し、必要なときには動物病院に連れていってください。

　適切な飼い方をしていても病気になることはあります。もって生まれた体質や遺伝などもありますから、病気になった原因のすべてが「飼い方に問題があった」わけではありません。しかたのないこともあります。ただし、健康でいてくれるための努力をすることは、すべての飼い主の義務であり責任でもあります。その子がもっている生きる力を最大限に引き出してあげる飼い方を心がけましょう。

健康記録をつけておこう

　ハリネズミの様子を健康記録としてメモしておくことをおすすめします。定期的な体重測定の結果、食欲や排泄物の状態、元気のよさなど健康チェックのポイントとなる点（152ページ参照）が基本です。健康状態の変化や推移をさかのぼって確認することができるので、動物病院での診察時にも役立つでしょう。

　毎日書くのが無理でも、いつもと違ったことがあったときだけは記録しておきます。フードの種類を変えたり、食べたことのないものを与えたときのほか、急激な環境の変化があったときにもメモしておきましょう。家の周囲で道路工事をしていて騒音と振動が激しかった、爆弾低気圧で天候が大きく変化した、といったことや、来客が多くて賑やかだった、といったことがハリネズミの健康に影響を与えることもあるからです。

健康のための10ヶ条

- ハリネズミの生態や習性を理解しましょう
- あなたのハリネズミの個性を理解しましょう
- 適切な飼育環境を整えましょう
- 適切な食事や水を与えましょう
- 太りすぎても痩せすぎてもいない、適切な体格を維持させましょう
- 適切な接し方をしましょう
- 過度なストレスを与えないようにしましょう
- 適度な運動の機会を作りましょう
- 健康チェックを行いましょう
- よい動物病院を見つけましょう

動物病院を見つけておこう

ハリネズミを迎えることを決めたら、かかりつけ動物病院を見つけてください。ハリネズミのようなエキゾチックペットを診察してもらえる動物病院はあまり多くありません。地域差もあります（都心部のほうが多い）。そのため、ハリネズミの具合が悪くなってから探し始めてもなかなか見つからず、その間に症状が進んでしまうこともあります。

かかりつけ病院が遠くにある場合には、緊急時に駆け付けられる近所の動物病院を探しておくと安心です。また、動物病院の多くは深夜に診察しておらず、週に一度程度の休診日があります。休診日の違う病院や夜間対応が可能な病院も調べておくといいでしょう。

動物病院の見つけ方

● 近所の動物病院に聞く

近所の動物病院でハリネズミを診てもらえるなら、それが一番です。診察してもらえるかどうか聞いてみましょう。その病院では診られなくても、場合によってはほかの病院を教えてもらえることもあるかもしれません。

● ネットで検索

インターネットの検索サービスで、「動物病院　ハリネズミ　地域名」などのキーワードで検索してみましょう。

● 飼い主に聞く

ハリネズミを飼っている人に、通っている動物病院がどこなのか教えてもらうのもいい方法です。

● ペットショップに聞く

ハリネズミを扱っているペットショップなら、

動物病院に関する情報をもっている場合も多いでしょう。

なお、クチコミ情報はたいへん有用である一方、獣医師との相性のよしあし等のフィルターがかかっている場合があることも頭に入れておきましょう。飼い主が求める獣医師像はさまざまです。ひとつだけではなく、複数の情報を集めて判断するといいでしょう。

健康診断について

ハリネズミは疥癬ダニをもっていることが多いので、飼い始めたら早目に動物病院で健康診断を受けておくことをおすすめします。迎えたばかりの不安定な時期だと連れていくだけでもストレスになることもあるので、ハリネズミが落ち着いてからがいいかもしれません。ただし、緊急性の高いときはすみやかに診察を受けてください。

少なくとも年に1度、高齢になってきたら半年に1度くらいは健康診断を受けておくと安心です。

ハリネズミの体のしくみ

Chapter 8
ハリネズミの
健康

目

視力はあまりよくありません(22ページ)。ハリネズミの仲間のなかでは比較的大きな目をもっています。眼球の大きさに較べて眼窩が浅いという特徴があります。

鼻

嗅覚がとても優れています(22ページ)。常にうっすらと湿っており、鼻の穴は上を向いています。

耳

聴覚もとても優れています(23ページ)。耳介は大きめで、丸みを帯びています。

ひげ

触覚器官で、ほおの左右に生えたひげは、狭い隙間にもぐりこむときなどに周囲の状況を知るために使われます。

鼻の下にはごく目立たない触毛があり、ほおひげよりも敏感です。食べ物の選別に役立っているといわれています。

歯

永久歯は36本です(個体によって変異がみられる場合があり、36〜44本とする資料もあります)。その内訳は切歯10本、犬歯4本、前臼歯10本、後臼歯12本です。切歯は上顎6本に下顎4本あり、上顎中央の2本の切歯は大きく前方へと突き出し、なおかつ隙間が開いています。下顎の切歯はその間に収まるようになっており、昆虫類を捕獲するのに便利です。

乳歯は生後21日頃から生え始め、永久歯は7〜9週から生え始めて、徐々に乳歯と置き換わっていきます。

げっ歯目のネズミとは異なり、歯が伸び続けることはありません。

被毛

針が生えているのは頭部から臀部にかけての背中のみで、それ以外は被毛で覆われています。

四肢と指

　普段は身を低くし、腹部を地面につけるようにして歩いているので気がつきませんが、意外と長い四肢をもっています。

　指の本数は、前足が5本、後ろ足が4本で、「ヨツユビハリネズミ」という名前の由来にもなっています(ナミハリネズミなどは5本ずつ)。歩き方は「蹠行性(しょこうせい)」といい、足の裏全体を地面につけて歩きます。

前足

後ろ足

尾

ごく短い尾があります。

乳頭

　乳頭の数は5対ですが、2対から5対までの個体差があります。

生殖器

　ハリネズミのオスは性成熟しても陰嚢が降りてこず、精巣は腹腔内に存在します(ほかの多くの動物と異なり、いわゆる「タマタマ」が目立たない)。陰茎は腹部の中心近くにあって、普段は包皮に隠れています。

　メスは、子宮がふたつに分かれ、一部が癒合(ゆごう)している双角子宮をもちます。膣口と尿道口は分かれておらず、膣口の入り口近くに尿道口が開口しています。

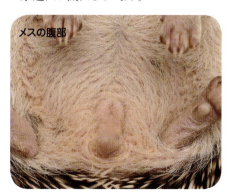
メスの腹部

排泄物

　便はバナナのような細長い形状でこげ茶色、ある程度の硬さをもちます。尿は、薄い黄色です。

ハリネズミの針

ハリネズミの最大の特徴は、背中全体を覆う「針」にあります。

針の本数は、若いナミハリネズミで約3,500本、体格のいい大人だと約7,000本かそれ以上、生えているといわれます。針の重さはハリネズミの体重の約35%あるという資料もあります。

針は被毛や爪と同じケラチン（タンパク質）でできていて、長さは0.5〜2.5cmほどです。針が軽いのに丈夫で弾力性があるのは、内側が薄い壁で隔てられたたくさんの小部屋に分かれているという複雑な内部構造のおかげです。

針の先端は鋭く、先端にかけてわずかな湾曲があります。針の中央にかけて徐々に太くなり、根元にいくにしたがってまた細くなっています。付け根の部分は丸い球状になって毛穴に収まっています。落ち着いているとき、

針の根元は丸い球状になっている

針は体に沿って倒れているので、背中をなでたりしても痛いことはありません。しかし危険が迫るとハリネズミは毛穴に結合した筋肉を収縮させ、針はあちこちを向いて立ちあがります。

針はひっぱっても簡単には抜けませんが、時々、生え変わります。1本の針の寿命は長くて18ヶ月といわれます。

ヨツユビハリネズミをはじめ、オオミミハリネズミ属以外のハリネズミは、針の生え方に特徴があります。頭頂部の中心には針が生えておらず、まるで「真ん中分け」にしているように見えます。抜けてしまったわけではなく、最初からこのように生えています。

ハリネズミデータ

体重…メス　300〜600g、オス　400〜600g
　　　※資料によっては、675〜900g、255〜540g、
　　　あるいはメス250〜400g、オス500〜600ｇといったデータもあります
寿命…平均4〜6歳、長ければ8〜9歳から10歳（野生下では2〜3歳）
体温…35.4〜37.0度
食べ物が消化管を通過する時間…12〜16時間
心拍数…180〜280回/分
呼吸数…25〜50回/分

丸くなるしくみ

危険を感じると体を丸め、まるでイガグリやウニのような針のボールになるのも、ハリネズミの特徴です。一度体を丸めてしまうと、力づくでも開くのが難しいほどです。

体を丸くするしくみは、きんちゃく袋のひもを引いて袋を閉じる様子を想像すると、わかりやすいかと思います。

針が生えている部分の皮膚の下には、一面に力強い筋肉（皮筋）が存在しています。この筋肉は、背中の中央よりも周囲（針の生えていない腹部や顔、お尻に近い位置）のほうがより強く、縁の部分では体を一周する輪筋という筋肉組織になっています。ハリネズミが身を守ろうとして輪筋を収縮させると、頭部とお尻にある筋肉も収縮し、敵に攻撃されたらひとたまりもない頭やお腹、お尻を背中の皮膚

の中へとひっぱりこみます。輪筋に力を入れれば入れるほど、ハリネズミの体はしっかりと丸くなっていきます。

背中の皮膚がひっぱられると同時に、針の付け根の筋肉も伸ばされるので、針はますますしっかりと立ち上がるわけです。

❶ 体を一周する力強い筋肉「輪筋」（赤色部分）が収縮
❷ 頭とお尻の筋肉も収縮
❸ 体全体が背中の皮膚の中に収まっていく

健康チェックのポイント

Chapter 8 ハリネズミの健康

ハリネズミは、体調の悪さを言葉で伝えてくれません。また、具合の悪い様子を見せると外敵から狙われやすいため、体調の悪さを隠すこともあります。
毎日、世話をしたり遊んだりしながら健康チェックをしましょう。
病気を早期発見できれば早期治療ができます。病気になる前に体調の異変に気がついて飼育環境を改善し、病気が予防できることもあるでしょう。

目
目やにが出ていない？
涙が多くない？
しょぼしょぼさせたり半開きにしていない？
目がいつもより飛び出ていない？
白くなったり膜が張ったようになっていない？
目をしっかり開き、いきいきと輝いている？

耳
黒っぽい耳垢など、汚れがない？
耳介の周辺がぎざぎざしていない？

鼻
頻繁にクシャミをしていない？
鼻水や泡が出ていない？
乾燥していない？（湿っぽいのが正常）

口
よだれが出ていない？
口を開けて呼吸をしていない？
嘔吐していない？

食欲、食べ方
食欲はある？（食欲の波が多少あるのは異常ではありませんが、大好物を食べなかったり、一日中なにも食べないことはありません）
くわえた食べ物を落としたり、痛そうに食べているなど、食べているときの様子に変化はない？
飲水量に変化はない？

体重
急激な増減がない？
（成長期や妊娠中は体重が増加するのが普通です）

「なんとなくいつもと違う」とき

どこがどう違うとはっきり言えないけれど、なんとなく元気がないような気がする、いつもとちょっと様子が違うような気がする、と思うことがあるかもしれません。いつもハリネズミをよく観察している飼い主なら、微妙な変化にも気づくことがあるでしょう。思いすごしだと考えず、そのほかの健康状態もよく観察し、気になるようなら動物病院で診察を受けましょう。

皮膚

フケが出ていない？
傷はない？
しこりや腫れはない？
がさがさになっていない？
触ると嫌がる場所はない？

被毛、針

脱毛していたり、針が部分的に抜け落ちていない？

手足、指、爪

傷や腫れはない？
足先や指に糸がからんだりしてない？
爪は伸びすぎていない？

陰部

肛門や生殖器周辺が、便や出血、分泌物などで汚れていない？
（ハリネズミに「生理」はありません）
傷や赤み、腫れはない？
陰部を気にして頻繁に舐めていない？

排泄物

便の色の変化（黒、緑色）、軟便や下痢、水のような便をしていない？
便が小さくなったり、量が減っていない？
尿の量や色に変化はない？
排泄時に痛そうだったり、出にくそうにしていない？

行動、しぐさ等

ふらふらしたり、ぎこちない歩き方をしていない？
足を引きずっていない？
頭や体が傾いていない？
頭を振っていない？
体を異様に掻いていない？
ぐったりしていることはない？
活動時間なのにじっとうずくまっていたり、異様に落ち着きがない、急に攻撃的になった、触るといつもと違う鳴き声を出すといった行動の変化はない？
体を丸めるときにはしっかり丸まっている？
（太りすぎていると丸まれません）

呼吸

口を開けて呼吸をしたり、全身を使うようにして呼吸をする様子はない？
呼吸するときに異音がしない？

よい状態の便

ハリネズミの病気

Chapter 8
ハリネズミの健康

ハリネズミに多い病気

ハリネズミも、私たち人間、あるいは犬や猫などと同じようにさまざまな病気になる可能性をもっています。体の基本的な構造や機能は同じですから、共通する病気が多いのも当然のことです。ただしハリネズミの病気についての研究はまだまだ進んでいる途中で、わかっていないことも多いというのが現実です。ここでは、ハリネズミによくみられる病気を中心にとりあげますが、そのほかの病気にならないわけではありません。これから先に新たに「ハリネズミに多い」とされる病気が出てくることもあるでしょうし、よい治療方法が見つかることもあるかもしれません。

現在、ハリネズミに多い病気は「腫瘍」「歯周病」「ダニ症」です。メスでは子宮疾患が多く、そのなかには子宮がんのような腫瘍がよくみられます。

病気になる前に知っておきたいこと

病気のなかには、年齢を重ねるとなりやすいものもあります。また、飼育管理によって予防が可能な病気もあります。飼っているハリネズミが健康でも、どんな病気があって、どんな原因でなりやすいのかを理解しておくといいでしょう。どんな症状があるのかを知っておけば、病気の早期発見にも役立つでしょう。

前述のように、ハリネズミを診てもらえる動物病院は多くはないので、「病気にさせない」飼い方をすることが非常に重要です。病気の診断をするのは獣医師の役割なので、診てもらえる動物病院はぜひ探しておいてください。

ハリネズミの３大疾患

腫瘍
歯周病
ダニ症

覚えておこう…

高齢になると増える病気

腫瘍
歯周病
歯の咬耗
白内障
慢性腎不全
拡張型心筋症
変形性関節炎・椎間板ヘルニア

ハリネズミに多い病気：腫瘍

どんな病気？

腫瘍とは、体の細胞が異常増殖することで起こる病気です。ゆっくり増殖し、健康な組織との境界線がはっきりしていて転移しないものが「良性腫瘍」です。早く増殖し、健康な組織にも入り込んでいって境界線がはっきりせず、転移するものが「悪性腫瘍」です。悪性腫瘍を「がん」といいます。

腫瘍はハリネズミに多く、病理解剖検査をしたハリネズミの約30％に腫瘍があったとする資料もあります（そのうち85％は悪性腫瘍）。

腫瘍は体のほぼすべての場所に発生する可能性があります。ハリネズミで特に多いものには口腔内の腫瘍と子宮がんがあります。乳腺腫瘍、皮膚や消化器のリンパ腫なども知られています。

腫瘍の原因として考えられているものには、遺伝、高齢、環境、ウィルスなどたくさんのものが挙げられます。ハリネズミでは、高齢になると起こりやすいと考えられていて、発症年齢は平均3.5歳という報告があります。

診断は、レントゲン検査、血液検査、超音波検査、細胞や組織の検査（患部の細胞や組織を針で吸引したり部分的に切除して顕微鏡で検査する）などによって行います。

どんな症状？

体表近くの腫瘍では、しこりや腫れで気づくことが多いでしょう。腫瘍のある場所の針が抜けたり皮膚に炎症がみられることもあります。ほかには、体重が減る、食欲がない、元気がない、下痢、呼吸困難、腹水などもあります。

腫瘍ができる場所や進行状況によって、子宮癌では生殖器からの出血、口腔の腫瘍では歯肉の腫れ、歯が抜ける、歯肉炎、食べ物の好みが変わる、口元を気にするといったものもあります。

ハリネズミによくみられる口腔内の扁平上皮癌

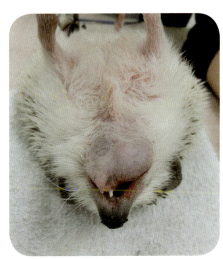
扁平上皮癌により下顎が腫れている

どんな治療？

腫瘍の種類や発生場所、進行度合い、個体の全身状態などによってさまざまです。

状況によっては摘出手術によって治すことも可能です。また、ハリネズミではあまりやられていませんが、抗がん剤などの化学療法もあります。

口腔内の腫瘍には、炭酸ガスレーザーによる治療も行われています。子宮がんでは、子宮摘出手術をするのが一般的です。

個体の状況や飼い主の希望によっては、積極的な治療はせず、起こる症状を和らげる治療にとどめ、生活の質を高めることを優先する場合もあります。治療方法やリスク、予後（今後の症状についての見通し）などについて獣医師とよく相談して決めましょう。

どうやって予防？

「こうすれば腫瘍にならない」という方法はありませんが、適切な飼育と日々の健康チェックを行うとともに、定期的な健康診断を受け、早期発見を心がけましょう。

ハリネズミに多い口腔内の腫瘍や子宮がんは3歳をすぎると増加することが知られています。時々、口腔内の診察もしてもらいましょう。メスのハリネズミで、ケージやトイレ掃除のときに血の跡がみられたら早めに診察を受けてください（繰り返しになりますが、ハリネズミにいわゆる「生理」はありません）。

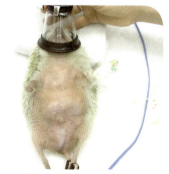
肝臓腫瘍を発症している個体

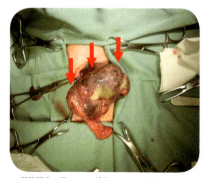
肝臓腫瘍。写っている部分のほとんどが腫瘍

腹部が大きく膨れているのがわかる

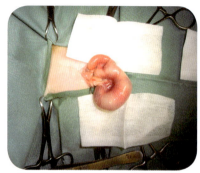
子宮の摘出手術

ハリネズミに多い病気：歯周病

どんな病気？

　歯周病は、歯肉炎や歯周炎など、歯周組織（歯、歯肉、歯根膜、歯槽骨）に起こる病気の総称です。ペットのハリネズミに多く、特に高齢になると起こりやすくなる病気のひとつです。

　ものを食べると歯の表面に食べ物のカスがつきます。口腔内に常在する細菌類がそれを餌にして増殖して「歯垢」になります。歯垢が歯茎、特に歯と歯茎の境目のあたりに常に付着していると、歯茎が炎症を起こして腫れ、歯肉炎を起こします。歯垢は時間がたつと唾液に含まれるカルシウムやリンなどを取り込んで石灰化して「歯石」になります。ハリネズミは歯間の隙間が広いので、歯垢はつきにくいのですが、高齢になるにつれて歯肉が腫れたり、歯肉炎がみられるようになります。

　歯周病は歯周組織だけに関連する病気ではありません。細菌が血流に乗って全身をめぐるため、肝臓や腎臓などの内臓疾患を引き起こす場合があることも知られています。

　診断は、歯肉の状態を視診したり、レントゲン撮影によって歯根周囲の炎症の状態を確認します。

　なお、前の項目で説明しているようにハリネズミでは口腔内の腫瘍が多いのですが、歯周病かと思ったら腫瘍だったということもあります。おかしいなと思ったら早めに診察を受けましょう。

左上顎の歯肉炎

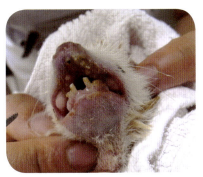

歯肉が膨れている

歯に糸が絡まっている

どんな症状？

　口腔内に痛みがあるため硬いフードを食べなくなる、食べ物の好みが変わる、食事に時間がかかる、食べにくそうにする、食欲が落ちるなど、食べ方に変化がみられます。

　痛みや違和感があるため、口元を気にするしぐさをします。

　歯の変色、歯肉が赤くなったり腫れる、歯がぐらつく、歯が長くなったように見える（歯肉が退縮しているため）、歯が抜ける、口がくさいなどの症状もあります。

どんな治療？

　抗生剤を投与します。歯石があるときは歯石除去（麻酔をかけ、歯の表面の歯石を削るスケーリングという処置をする）を行います。進行度合いによっては抜歯を行います。

> **ケアのポイント**
> スケーリング処置をしても、そのあとのケアを怠ればまた歯石がつきます。食事での予防を心がけましょう。

どうやって予防？

　歯磨きは犬や猫なら可能ですし、海外の飼育情報のなかには推奨するものもありますが、ハリネズミではあまり現実的ではありません。

　ドライタイプのフードのようにある程度硬さのある食べ物、昆虫類のように繊維質の多い食べ物など、かじるときに歯の表面の歯垢を落とす役割が期待できる食べ物を食事メニューに加えましょう。

　口腔内に垂らすだけの液体歯磨き（犬猫用）を使ったり、かじって遊ぶおもちゃを与えるという方法も考えられます。

そのほかの口腔内のトラブル

＊歯の咬耗・破折

　ものを噛むときなどに歯同士がこすれて歯の表面のエナメル質や象牙質がすり減ることを咬耗といいます。歯が折れることを破折といいます。硬すぎるフードばかり与えていたり、硬いものをかじり続ける癖があると起こりやすくなります。高齢になると増えます。破折は落下事故で起こることもあります。

　咬耗が進行したり破折を起こすと歯髄が露出し、細菌感染が歯根にまで及ぶこともあります。強い痛みのために硬いフードを食べなくなったり、口の周囲を触られることを嫌がります。歯の修復をしたり、状態が悪ければ抜歯をして治療します。

＊歯根膿瘍

　歯周病などによって歯根部分に膿がたまる病気です。たまった膿の影響で、下顎の歯根膿瘍では顎が腫れたり、上顎の歯根膿瘍では涙目や目の突出がみられます。抜歯をしたり、抗生物質を投与して治療します。

＊口内炎

　ハリネズミは、オスがメスの背中にかみつくようにして交尾を行うため、針で口の中を傷つけて口内炎を起こすことがあります。痛みのために硬いフードを食べなかったり、唾液が増えます。抗生物質を投与して治療します。

＊フードなどが口蓋にはさまる

　病気ではありませんが、硬い食べ物が口蓋にはさまってしまうことがあります。口蓋とは、口腔上壁（口の中の上顎部分）のことで、少しくぼんでいるため、そのようなことが起こります。はさまりやすい食べ物の事例としてよく海外の文献ではピーナッツが挙げられていますが、大粒のドッグフードなどのフードでも注意が必要です。口蓋にものがはさまっていると、食事が食べにくそうだったり、口を気にするような仕草がみられます。大粒のフードは、適度に砕いてから与えるほうがいいかもしれません。

ハリネズミに多い病気：ダニ症

どんな病気？

疥癬ダニ（ヒゼンダニ）の寄生は、ハリネズミによくみられます。

疥癬ダニには多くの種類があり、ペットのハリネズミによくみられる*Caparinia tripolis*や*Notoedres muris*、野生のハリネズミによくみられる*Caparinia erinacei*などが知られています。

疥癬ダニの特徴は皮膚に疥癬トンネルと呼ばれる穴を掘ることで、メスはその中に産卵します。

疥癬ダニが寄生しているハリネズミと接触したり、床材やタオルなどを介して感染します。

ペットのハリネズミに疥癬ダニが多いのは、繁殖施設やペットショップなど、多くのハリネズミが同じスペースを共有しているような状況で感染が広がっているからではないかと考えられます。

すでにハリネズミを飼っているところに、疥癬ダニが寄生しているハリネズミを連れてくれば家庭内でも感染が広がります。新たにハリネズミを迎えたときに検疫期間が必要な理由のひとつは、新たに導入するハリネズミが疥癬ダニの寄生を受けている可能性が高いからです。

皮膚を掻き取ったり、フケなどを採取し、顕微鏡検査を行い、ダニやダニの卵を見つけることで診断します。

どんな症状？

よく寄生される場所は、針の付け根の皮膚や目の周囲です。寄生が軽度だと無症状なこともあります。

針の付け根にかさぶたのようになったフケ（白や茶色っぽいもの）、フケが落ちる、脱毛、針が抜け落ちるといった症状があります。寄生がひどくなると激しいかゆみもみられます。元気がなくなり、食欲が落ちます。

どんな治療

駆虫剤を注射したり滴下（滴下薬を皮膚に垂らす）して駆虫します。

すでに生み落とされた虫卵には効果がないため、卵が孵化した時期をみはからって

耳にダニが寄生している。皮膚がかさぶた状になっている

ダニの寄生が顔面にみられるケース

（7〜14日間隔）、3〜4回繰り返し投薬することでしっかりと治療できます。

発症しているハリネズミのほかにもハリネズミを飼っているなら、予防的に駆虫したほうがいいでしょう。

> **ケアのポイント**
> ケージや飼育グッズを十分に洗浄し、床材は毎日すべてを交換し、衛生的な環境を作りましょう。

どうやって予防？

衛生的なペットショップからハリネズミを迎えるようにします。購入後は健康チェックを十分に行い、寄生があれば早期治療します。寄生しているかもしれない個体との接触は避けましょう。

> ### そのほかの外部寄生虫
>
> **＊耳ダニ症**
>
> ハリネズミには時折みられるものです。*Notoedres cati*（ネコショウセンヒゼンダニ）が耳道入り口の皮膚に寄生します。ワックス状の耳垢がたまり、かゆみがあります。駆虫薬の投与によって治療します。
>
> **＊ノミ**
>
> ハリネズミに犬や猫のノミが一時的に寄生することはありますが、かなりまれです。犬や猫よりも体温が低いからではないかといわれています。
>
> **＊マダニ**
>
> 野生由来のハリネズミに寄生することがありますが、ペットのハリネズミで問題となることはほとんどありません。ただし、屋外で遊ばせるときに寄生する可能性はあります。吸血すると大きく膨れるので肉眼でもよくわかります。無理に引き剥がさず、動物病院で取ってもらいましょう。

顕微鏡で確認されたダニ

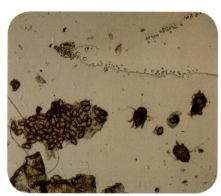

顕微鏡で確認されたダニの卵

皮膚の病気

真菌症

　皮膚糸状菌症ともいいます。真菌とはカビの一種で、ハリネズミに感染するのはおもに毛瘡白癬菌（*Trichophyton*属）で、小胞子菌（*Microsporum*属）もみられます。

　顔の周囲や耳に感染することが多く、丸い脱毛、ふけ、かさぶたなどがみられます。耳介がガサガサになったり、耳介のふちがギザギザになることもあります。かゆがることはあまりありません。診断は、患部の毛や皮膚を培養して行います。抗真菌剤の投与や薬浴などで治療します。

　真菌症は人と動物の共通感染症です（179〜181ページ参照）。

> **ケアのポイント**
> 飼育環境は清潔に保ち、床材は頻繁に交換してください。ハリネズミ同士でも感染しますから、発症しているハリネズミとほかのハリネズミとの接触や飼育グッズの共有は避けてください。

そのほかの皮膚のトラブル

● **腫瘍**（詳細は155〜156ページ参照）

　皮膚に腫れ物やしこりができている場合、腫瘍の可能性があります。ハリネズミでは体の表面にできる腫瘍もよくみられます。細菌感染によって膿がたまっているケースもあるため、確かめるには患部の細胞や組織を取り出して検査します。

● **アレルギー性皮膚炎**

　ハリネズミもアレルギー症状を起こすことがあります。知られているのはアレルギー性皮膚炎で、床材として針葉樹のウッドチップを使っていると発症することがあります。腹部の皮膚が赤くなったり、かゆがったりします。

● **外耳炎**

　外耳（耳介〜鼓膜）に、細菌、真菌、耳ダニの感染などが起こる病気です。耳の中の汚れ、膿状の分泌物（耳だれ）、いやなにおい、かゆみがあったり、顔や耳を触られるのをいやがります。きれいにしようと綿棒でこ

耳介と目のまわりに真菌症を発症している個体

真菌の培養検査のために皮膚から検体をとっている

すって皮膚を傷つけたり、汚れを耳の奥に押し込んでしまうこともあります。むやみに耳掃除をする前に、動物病院で診察を受けましょう。

● 耳介のふちの異常

真菌症の症状のひとつですが、それ以外でも耳介のふちがギザギザになったりカサカサになることがあります。皮膚の分泌物が蓄積している場合のほかに、栄養バランスが悪かったり、飼育環境が不適切（乾燥しすぎている）といったことも原因です。

● 細菌性皮膚炎

ダニ症や真菌症など、なにかの皮膚の病気を起こしていると、皮膚の抵抗力が衰え、黄色ブドウ球菌などによる細菌性皮膚炎にかかりやすくなります。また、皮膚に傷があったり、不衛生な飼育環境も細菌性皮膚炎の原因になります。皮膚が赤くなる、かさぶた状になる、膿がたまるなどの症状がみられます。患部を清潔にし、抗生物質を投与して治療します。

● 乾燥肌

皮膚の病気ではないのに、皮膚が乾燥してパサパサし、かゆがったりすることがあるといわれます。体の洗いすぎ、不適切な食事、湿度の低すぎる環境などが原因と考えられます。これらの点を改善しましょう。皮膚の病気があるかを確かめるため、動物病院で診察を受けましょう。

培養検査によって真菌感染が確認できた（白い部分が真菌）

大きく広がった針の抜け落ち

皮膚疾患によって針が部分的に抜け落ちている

皮膚に起きた病変

目の病気

眼球突出

ケンカなどによる外傷、目の炎症、歯根膿瘍や過度な脂肪の蓄積(眼球の後ろ側に膿や脂肪がたまり、眼球を押し出す)などが原因で眼球突出がしばしばみられます。ハリネズミで多くみられる原因としては眼球に対して眼窩(がんか)(目が収まる頭蓋骨のくぼみ)が浅いからではないかと考えられています。

まぶたが閉じられないため目が乾燥したり、外傷を受けやすく、最後には失明することもあります。状況によってはまぶたを縫い閉じたり、眼球摘出などの処置を行います。

そのほかの目の病気

角膜潰瘍(かくまくかいよう)、結膜炎

ハリネズミの目は飛び出し気味なので、砂浴びの砂、粗い床材、ほかのハリネズミとのケンカなどで目を傷つけやすく、細菌感染によって角膜潰瘍や結膜炎を起こすことがあります。角膜は眼球の前面をおおう透明な膜のことで、結膜はまぶたと眼球をつなぐ組織のことです。涙や目やにが増えたり、角膜の白濁、結膜の充血、目の周囲に触られるのを嫌がるなどの症状がみられます。

ケアのポイント
点眼治療を行っている場合、目の周りについた余分な点眼薬に砂や床材がついたりするのでティッシュでふいてあげたり、治療中は細かな床材の使用や砂浴びを避けるといいでしょう。

白内障

レンズの働きをする水晶体が白濁する病気です。高齢になるとよくみられる病気ですが、若くても発症することはあります。治療は難しく、発症するといずれは失明しますが、もともとハリネズミは視力よりも嗅覚や聴覚への依存度が高いので、急に飼育環境を変えたりしなければ、うまく暮らしていくことは可能です。白内障は、ハリネズミではそれほど多くはありません。

眼球の突出がみられる

白内障。目に白い点がみえる

呼吸器の病気

鼻炎

鼻炎は、1歳未満の幼いハリネズミに特によくみられる呼吸器の感染症です。飼育環境の温度が低すぎる、隙間風が吹き込む、環境変化によるストレス、不衛生だったりほこりっぽい環境などによって起こりやすく、幼くなくても免疫力が低下していると発症しやすくなります。鼻水、頻繁なくしゃみ、鼻からの気泡（いわゆる鼻提灯）などの症状がみられます。

抗生物質を投与するほか、温度・湿度管理、衛生面の改善など飼育環境を見直します。鼻水やくしゃみは、床材などのアレルギーによって起こる可能性もあります。針葉樹のウッドチップや細かなほこりの出る床材は使わないほうがいいでしょう。

気管支炎・肺炎

呼吸器の感染症が進行すると、気管支炎や肺炎になることがあります。ストレスが大きかったり免疫力が低下していると悪化しやすくなります。異物を吸い込んだり誤嚥が原因になることもあります。咳、食欲減退、全身を使うようにして呼吸する、呼吸音の異常、呼吸困難などがみられます。肺炎にまで進行すると命を落とす危険も増加します。

抗生物質の投与やネブライザー（吸入器）で治療します。あわせて温度・湿度管理、衛生面の改善など飼育環境を見直します。食欲が落ちていたり痩せてくるようなら、栄養価が高く嗜好性の高いものを与えるといいでしょう（183ページ参照）。

シリンジに慣らす

ハリネズミが食事をしなくなるという状況は比較的よく起こります。なにかの病気を発症しているときだけでなく、迎えたばかりのときのように飼育環境が大きく変わったときやストレスがあるときなどにも食欲不振になります。

大好物を用意すれば食べてくれるなら、それが食欲を呼び起こすきっかけになることもあります。自分から食べてくれないときには強制給餌が必要になります。病気やストレス下にあるときにいきなりシリンジで食べさせようとしても、かえって拒絶することもあるので、元気なときからシリンジに慣らしておくといいでしょう。

針なしシリンジやフードポンプでおやつを与える習慣を取り入れることをおすすめします。無添加のリンゴジュースや、ペットミルク、肉のゆで汁などを時々おやつとしてシリンジから飲ませるのもいいでしょう。ハリネズミをシリンジに慣らすだけでなく、飼い主にとってもシリンジの使い方に慣れておくよい機会になります。

動物病院に連れていくとき

＊負担をかけないように気をつけて

ハリネズミを動物病院に連れていくのは体調が悪いときが多いので、できるだけハリネズミに負担をかけないように気をつけましょう。

キャリーケースの中で安定した状態でいられるよう、たとえば床材を厚く敷いた上に寝袋を置き、寝袋にもぐりこんで寝ていられるようにします。

暑すぎたり寒すぎたりしないようにすることも大切です。夏場はケージタイプのキャリーにしたり、タオルなどを巻いて冷たすぎないよう調整した保冷剤をキャリーの外側などハリネズミが直接ふれない位置に置いたりします。たとえ短時間でも、自動車の中に置きっぱなしにすることのないようにしてください。真夏でなくても車中はあっという間に耐え難いほどの高温に上昇します。

冬場はフリースの布や寝袋をキャリーに入れたり、ハリネズミが直接ふれない位置に小型の湯たんぽや使い捨てカイロを置いてもいいでしょう。

＊時間や予約方法の確認

エキゾチックペットの診察をしている動物病院には、予約制のところも少なくありません。連れていこうと思うときはあらかじめ電話で予約を入れましょう。緊急事態のさいは、その旨を伝えて相談してみてください。予約をしたら、時間に遅れないように行きましょう。先に診察を受けている動物に時間がかかり、予約している時間に診察が始まらないというケースもあるかもしれませんし、自分の連れていったハリネズミの診察に時間がかかることもあるでしょう。動物病院に連れていくときは、できるだけ時間の余裕を作っておきましょう。

また、検査料金や診察料金は必ずしも安価ではありません。クレジットカードが使えるかを確認したり、財布の中の現金に余裕をもたせておくといいでしょう。

＊日頃の様子を客観的に伝える

ハリネズミの家での様子を知っているのは飼い主だけです。どんな飼い方をし、いつからどんなふうに異変があったのかをできるだけ客観的に伝えましょう。健康記録はこのようなときに役立ちますし（146ページ参照）、行動の異常があるときは動画を見てもらうもの診察の助けになるかもしれません。

また動物病院には、日頃世話をしていてハリネズミのことを一番よく見ている人が連れていくのが最も適切です。

＊場合によっては便や尿を持参

糞便検査や尿検査が必要な場合もあります。動物病院に行ってから排便、排尿をするとも限らないので、必要があれば便、尿を採取して持参しましょう（持っていったほうがいいかどうかは、連れていく動物病院に確認してください）。排泄してから時間がたつと正確な検査データがとれなくなるので、できるだけ連れていく直前に採取します。

便は、ラップに包んでから密閉できる袋に入れるといいでしょう。異常な便をしているときはトイレ砂やペットシーツごと持っていって診てもらうこともできます。尿にはトイレ砂や便などが混じらないのがベストです。トイレ容器に裏返したペットシーツを敷き（ツルツルした面で、尿が染み込まない）、排尿したらすぐにスポイトなどで吸い取るとよいでしょう。

消化器の病気

下痢

ハリネズミの下痢には、食事の内容を急に変えたり、不適切な食事を与える(牛乳、腐敗したものなど)、ストレス、異物摂取、サルモネラ菌などの細菌感染による腸炎、真菌、寄生虫やウィルス感染、脂肪肝など多くの原因があります。軟便程度のもの、消化されない食べ物のかすが混じっているもの、水のような便、血が混じった便、緑色の便(次項参照)など外見もさまざまです。

飼育方法に原因があるなら改善します。感染が疑われる場合は糞便検査をし、抗生物質や駆虫剤などを投与します。下痢が続くと衰弱したり脱水状態になることもあります。

なお、サルモネラ菌は人にも感染するので、世話のあとはよく手を洗うようにしてください(181ページ参照)。

緑色便

緑色の便は、ハリネズミで時折みられるものです。あざやかな緑色のことも、濃い緑色のこともあります。飼い始めなどストレスの多いときや、食事内容を急に変更したとき、食事の変更にともなって採食量が減ったときなどに緑色便がみられます。通常、1～2日で普通の便に戻ります。緑色便が続くようなら動物病院で診察を受けてください。

便秘

便の量が少なくなったり小さくなる、硬くなるといった便の変化のほか、排便しようとしているのになかなか出なかったり、まったく出なくなってお腹が膨れてきます。原因は、運動不足、不適切な食事や飲水量の不足、寄生虫感染、誤食による消化管の閉塞、腸捻転などがあります。

触診や、レントゲン検査、糞便検査などで診断し、飼育環境に問題があれば改善したり、状況に応じて点滴、腸の動きを促

緑色便はハリネズミによくみられる

さまざまな形状の便（水分の多い便）

す薬剤を投与したりします。浣腸をすることもあります。

● 消化管の閉塞

部屋に出して自由に遊ばせているときなどに、カーペット、リモコンのボタンなどの消化されないものを誤食すると、胃の出口や腸に詰まって消化管の閉塞を起こします。便が出なくなるほかに、食欲や元気がなくなったり、ぐったりする、お腹にガスがたまるといった症状がみられます。閉塞が起きると24～48時間以内に死亡する危険性が高いので、早急に診察を受けてください。誤食ではなく、腸捻転を起こしている場合もあります。

脂肪肝（肝リピドーシス）

ハリネズミに比較的よくみられる病気です。解剖検査をしたハリネズミのおよそ半分に脂肪肝がみられたという報告があります。

肥満によって過剰な中性脂肪が肝臓にたまりすぎ、正常な細胞が機能しなくなることによって起こります。また、突然の食欲不振や減量のための無理な食事制限などで飢餓状態になると、不足するエネルギーを作り出すために体内の脂肪が肝臓に集まり、脂肪

さまざまな形状の便（未消化便）

肝を起こします。

元気や食欲がなくなったり、黄疸（皮膚が黄ばんでみえます。脇の下やお尻を見るとわかりやすいでしょう）、やせてくる、下痢、肝性脳症（肝臓が機能しないために毒素が排出されず、神経症状が起きる）などがみられます。血液検査、超音波検査、レントゲン検査や、肝臓の細胞を検査して診断します。太りすぎが原因なら、脂肪分の少ない食事を与えるなど食事管理を行い（176ページ参照）、飢餓状態になっている場合は補液によってエネルギー源となる糖質を与えます。肝臓を保護する薬剤の投与を行います。

● そのほかの肝臓の病気

肝臓の病気のなかでは肝臓の腫瘍もよくみられるものです。また、細菌感染や不適切な飼育管理、栄養バランスが悪いなどの原因で肝炎がみられます。

応急手当　下痢

下痢をしているときは、静かで薄暗い環境で安静にすごせるようにしましょう。室温が低いときはペットヒーターで暖かくします。脱水状態にならないようにするためには、体への吸収のよいイオン飲料を常温で飲ませるとよいですが、誤嚥を防ぐため、自力で飲めないときには口を湿す程度にしておきます。脱水状態かどうかを確認するには、背中の針を何本かつまんで引っぱり、皮膚がすぐにもとに戻るかどうかで判断します。脱水していると、戻るのに時間がかかります。お尻が下痢便で汚れたときは濡れタオルで拭くなどして清潔にしてください。体力が衰えているときに体を洗うのは避けてください。

泌尿器・生殖器の病気

膀胱炎

膀胱内が細菌感染して炎症を起こす病気です。不衛生な飼育環境や尿石症などが原因となります。水分の摂取量が少ないと、膀胱内に尿が溜まった状態が続いて感染が進みやすくなります。血尿、尿量が減る、頻尿、尿漏れがあったり、排尿時に痛そうな様子をみせたりします。尿検査によって診断し、抗生剤の投与、尿の量を増やすために利尿剤の投与、点滴を行います。

尿石症

尿路（腎臓、尿管、膀胱、尿道）に結石ができる病気です。結石とは尿中のミネラル分が塊となったものです。栄養バランスが悪かったりミネラル分を過度に摂取していると結石ができやすくなります。十分に水を飲んで適切な排尿をしていれば、小さな結石なら自然と排出されますが、水分摂取量が少ないと尿が濃くなり、結石が作られやすい環境になります。膀胱炎から尿石症が起こることもあります。

膀胱炎と同様に、血尿、尿量が減る、頻尿、尿漏れや、排尿時に痛そうな様子をみせます。レントゲン検査や超音波検査、尿検査などで診断します。尿の量を増やすために点滴を行います。結石が大きいときは摘出手術をすることもあります。

腎臓の病気

腎臓の病気もよくみられるもので、解剖検査をしたうち50％でみつかったとする資料もあります。

急性腎不全は、熱中症や脱水症状などにより急激に腎臓機能が低下して起こる病気です。腎臓は血液をろ過して老廃物を排泄する器官なので、機能が衰えると全身状態が悪くなり、元気や食欲がなくなります。血液検査によって診断し、点滴や吸着剤（毒素を吸着して便と一緒に排泄する）を投与します。早期治療ができれば回復することもありますが、腎臓の病気はかなり悪くならないと症状がわかりにくいという特徴があります。

慢性腎不全は、高齢になると多くなる病

泌尿器の病気では血尿がみられることがある

包皮炎を起こしている

気です。血尿、むくみ、食欲がなくなる、尿の量が減るなどの症状がみられます。多飲多尿がみられることもあります。慢性腎不全になると完治は難しいですが、点滴や強制給餌などの支持療法を行います。

メスの生殖器の病気

ハリネズミのメスに多いのが子宮の病気です。そのなかでも子宮がんなどの腫瘍はよくみられるものです（155〜156ページ参照）。

子宮蓄膿症は、細菌感染によって子宮内に膿がたまる病気です。腟からの分泌物（膿や血液）、お腹がふくれる、食欲や元気がなくなるといった症状がみられます。進行していると、子宮卵巣摘出手術が必要となります。

オスの生殖器の病気

メスに比べるとオスの生殖器の病気はほとんどありません。比較的よくあるのは包皮炎で、床材やトイレ砂などが包皮の間にはさまって炎症を起こします。オスが陰茎を気にする仕草を頻繁にするようならチェックしてみてください。

ハリネズミの避妊去勢手術

メスの子宮疾患は、予防的に子宮卵巣摘出手術（避妊手術）を行っておけば防げる病気です。生後6〜8ヶ月で避妊手術しておくと予防できるとする情報もあります。ただし、まだ一般的ではないので、希望する場合はハリネズミの診療経験豊富な獣医師に相談するといいでしょう。

なお、オスの場合ですが、犬や猫、うさぎなどは陰嚢（いわゆるタマタマ）が体の外にあって、開腹しなくても去勢手術をすることができるため、比較的簡単な手術とされています。ところがハリネズミは精巣が腹部の中に収まっているため、開腹手術が必要となり、ほかの動物よりもリスクが高くなります。オスには生殖器疾患が少ないことからも、去勢手術はほとんど行われません。

いろんな病気があるね

気をつけたいね

神経の病気

ハリネズミふらつき症候群
(Wobbly Hedgehog Syndrome)

略して「WHS」とも呼ばれる、ペットのハリネズミで問題になっている病気のひとつです。脱髄性(神経繊維の一部である髄鞘という部分が破壊される)の神経の病気で、原因がはっきりせず、死亡する可能性が高いことから注目されています。1.5歳から2〜3歳で発症することが多いようです。ハリネズミの10%にみられるとする資料もあります。

原因を探る研究が行われており、マウス肺炎ウィルスが関与しているのではないかという報告が2014年に発表されています。また、遺伝性ではないかとも推測されています。

症状として最初の頃にみられるのは、丸くなれないというものです。進行はゆっくりで、後ろ足に運動失調(自分の意思通りに体を動かせない)が起こり、ふらついたりつまづくようになったり、麻痺(神経や筋肉の障害で運動機能が失われる)が起こります。多くの場合、まず後ろ足に発症し、それから前足や全身に広がり、悪化していきます。麻痺は体の左右片側どちらかだけに起こることもあります。

自力で立っていられなくなると食事が摂れなくなり、筋肉も落ちてくることから痩せてきます。自力での排尿や排便が困難になることもあります。

運動失調が始まってから9ヶ月以内に動けなくなり、多くの場合、症状が出てから18〜25ヶ月以内に死亡するといわれています(個体差があり、もっと早いこともあります)。生きているうちに確定的な診断はできず、死後に病理解剖して詳しく検査をすると、脊髄に障害があり、脳や末梢神経も影響を受けていることがわかります。

現時点では治療方法はありません、QOL(生活の質)を維持するための支持療法が行われます。

なお、ふらつきや麻痺のすべてがWHSとは限りません。低体温、低血糖やエネルギー不足でふらつくこともありますし、脊椎の損傷、脳腫瘍など別の脳の障害の可能性もあります。治らないからしかたがないと諦める前に、一度は診察を受けてください。

WHSを発症すると全身に麻痺がみられる

ケアのポイント

進行すると寝たきりになるので、やわらかく衛生的な寝床を準備します。食事は、自分で食器まで歩けるときは食べやすいよう工夫してください。ふらふらしないよう、タオルやクッション状のものを置いて体を支えるようにしてもいいでしょう。症状が進むと強制給餌が必要になります。眠るときに体が傾かないように巻いたタオルなどを体の左右に置いたり、できるだけ自力で歩けるように体の幅ほどの通路をダンボールで作ってあげることもできます。マッサージやストレッチで症状の進行を遅らせることができるかもしれません。お腹のマッサージは排便を促します(182ページ以降の看護についての記事も参考にしてください)。

ハリネズミにみられるそのほかの神経症状

神経系の障害があるとみられる症状には、運動失調、斜頸、旋回などがあります。運動失調は、低体温、外傷、中毒症状、感染症、栄養不足、膿瘍など多くの原因が考えられます。斜頸(頭部が右または左に傾く)や旋回(体の傾きを軸としてくるくる回る)は、中耳炎や内耳炎、初期の神経の病気によって起こります。

ハリネズミの救急箱

ハリネズミの体調が悪ければ動物病院に連れていくのが原則ですが、取り急ぎ応急手当をすることが必要なこともあります。いざというときのために用意してあるといいグッズの一例をご紹介します。

ピンセット：
針の間にはさまったゴミを取ったり薬を塗るときなどに。昆虫類を与えるときにもピンセットを使うことがありますが、医療用は別に用意したほうが衛生的です。

ガーゼ、綿棒：
深爪や傷など出血があったときの圧迫止血に使います。綿棒は小さな傷に薬を塗るときなどにも。

ウェットティッシュ：
患部を清潔にするときに。

使い捨てのビニール手袋：
下痢便などの片付けなどをするときに。

ペットヒーター類：
春や秋の急激な冷え込みや、夏場に冷房が効きすぎて寒いときなどにも使えるよう、冬が終わっても片付けず、いつでも使えるようにしておくといいでしょう。

イオン飲料：
人用やペット用の粉末のものが便利。

針なしシリンジやフードポンプなど：
強制給餌や投薬に。針なしシリンジを動物病院で入手したり、ペット用の強制給餌用フードポンプが市販されています。

大好物の食べ物：
食欲がないときのために、大好物の猫缶など保存性の高いものを。

濃縮酸素スプレー：
携帯用。呼吸が苦しいときに一時的に使用できます。保管方法や使用方法には十分に注意。

ピルクラッシャー：
錠剤をつぶして粉状にするもの。

常備薬：
持病がある場合など。獣医師と相談してください。

その他：
動物病院の連絡先がすぐにわかるようにしておきましょう。「非常時の現金」を挙げる資料もあります(夜間の急患には便利かもしれません)。

外傷

骨折

回し車やケージの底網などに四肢をひっかけて骨折することがあります。足場がはしご状になっている回し車では足をはさみやすいのですが、そうではない形状のものでも爪がひっかかるような隙間があるとケガの原因になりやすいでしょう。落下事故によって骨折することもあります。足を引きずっていたり、足をつかないようにしていたり、腫れや出血がみられることもあります。

治療は骨折の状態によります。ごく軽いものなら狭いケージで動きを制限して自然治癒を待つこともあります。骨折の治療は一般的に、外側からギプスで固定したり、手術をして骨をピンで固定する方法がありますが、ハリネズミは丸まるのでこうした処置は難しいでしょう。

噛み傷

ほかのハリネズミとのケンカや、犬や猫などに噛みつかれたりして皮膚に裂傷を負うことがあります。ハリネズミ同士のケンカでは針のない後ろ足などを噛まれることが多いですが、針のある背中を噛まれることもあります。大人のオス同士では特にケンカになりやすいので注意が必要です。

抗生剤を投与したり、傷の状態によっては縫ったりします。針が生えているところを深く噛まれている場合、筋肉まで縫わねばならず、細心の注意が必要になります。体を丸めるときに支障がないよう、皮膚と皮筋を別々に縫う必要がありますし、体を丸めるために皮筋が引き伸ばされるさい、縫った部位が引っ張られて傷口が開いてしまう危険があるからです。

絞扼（こうやく）

「絞扼」とは締め付けることをいいます。ハリネズミでは、糸くずなどの繊維が指や手足にからまって起こるケースがみられます。血行障害を起こして指先や手足の先が壊死することもあります。違和感や痛みがあるので、患部を気にしたり、歩きにくそうにします。早く気づき、からまっているものを取り除く必要がありますが、注意しないとかえって手足を傷つけることもあるので、無理せず動物病院に連れていきましょう。手足の先が壊死しているような重度な場合には断脚することもあります。ハリネズミの周囲で布製品を使っている場合は、縫い目がほつれてひっかけやすい状態になっていたりしないか、まめにチェックするようにしてください。

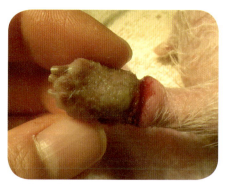

左後ろ足に糸がからまり、絞扼を起こしている

落下

　抱っこしているハリネズミを落としたり、高いところに登ったハリネズミが転落したりします。ハリネズミを抱くことに飼い主もハリネズミも慣れていないうちは、必ず床に座って低い位置で抱くようにしてください。また、ケージ内の底面積を増やすためにロフトをつけている場合には、ロフト部分からハリネズミが床に落ちないような構造にする必要があります。

　背中から落ちた場合にはある程度は針がクッションの役割を果たしますが、内臓がダメージを受けていることがありますし、骨折をしていたり、顔面から落ちた場合には歯や顎を損傷していることもあるので、動物病院で診察を受けてください。

深爪

　ハリネズミの爪には血管が通っています。爪切りのさいに短く切りすぎてしまうと、血管を傷つけて出血することがあります。通常、出血が止まれば問題ありませんが、細菌感染をしないよう衛生的な環境を作ってください。

応急手当　深爪の出血

清潔なガーゼなどを出血部分に強めに押し当てる「圧迫止血」を行います。ペット用の止血剤(クイックストップなど)を使うこともできます。

そのほかの病気

拡張型心筋症

　高齢のハリネズミに比較的多くみられます。心筋症にはいくつかの種類がありますが、拡張型心筋症では心臓の筋肉が伸び、左心室と左心房の壁が薄くなって心臓内部の空間が広くなります。その結果、左心室から血液を送り出す力が弱くなります。多くの場合、発症するのは3歳以上です。解剖検査をしたハリネズミのうち38%に心筋症がみられたとする資料もあります。

　原因ははっきりしませんが、栄養、遺伝、高齢によるものなどが考えられています。栄養面では、ビタミンE、セレニウム、タウリン、コリン、トリプトファンなどの欠乏が関与しているのではないかともされています。L-カルニチンの欠乏を示唆する資料もあります。

　呼吸が早い、体全体を使うように呼吸をする、呼吸困難、活発さがなくなる、体重減少、腹水などの症状がみられます。聴診、レントゲンや心臓の超音波検査などを行って診断します。強心剤、利尿剤を投与して治療します。

変形性関節炎・椎間板ヘルニア

　いずれも高齢になると増える病気です。変形性関節炎は、関節の軟骨がすりへり、関節がぶつかって変形して、痛みや腫れがみられます。椎間板ヘルニアは、背骨の椎骨と椎骨の間にある椎間板の髄核が突出し、脊椎の神経を圧迫します。背中を触ると痛がったり、足を引きずったりふらついたりします。

低体温症

ヨツユビハリネズミは恒温動物なので、周囲の温度が低くても自力で体温を適切に調節することができます。体を丸めて体表面積を小さくして体熱を逃がさないようにしたり、体を震わせて熱を作ったりします。ところが、体温調節能力を越えた寒さになると体温を維持することができなくなり、低体温症に陥ります。寒いことに加え、栄養不足や高齢、幼齢であることも発症しやすい要因です。

ハリネズミのなかにはナミハリネズミなどのように冬眠する種類もいます。こうした種類は体温を下げ、冬眠して寒さを乗り切るという生理的な能力を備えています。しかしヨツユビハリネズミは冬眠する能力をもちません。寒いときに体温が下がったり、動きが鈍くなったり、呼吸数が少なくなっているとしたら、冬眠ではなく「低体温症」という病気です。

体を暖め、体温をゆっくりと上昇させましょう。必要に応じて温めた点滴を行うこともあります。

冬場の温度管理をしっかり行ってください。春や秋など急激に冷え込むとき、夏場に冷房で室内が冷えすぎているときなどにも注意を払いましょう。

熱中症

恒温動物は、寒いときと同様に暑いときにも体温が高くなりすぎないように調整することができます。暑いときに手足を伸ばしているのは、体表面を広げて体熱を逃がそうとしているからです。人のように汗をかいて体温を調整することはできません。

ところが、体温調節が追いつかないような環境下では、体熱がこもって体温が上昇し、熱中症になってしまいます。温度や湿度が高く、密閉された風通しの悪い環境では、日が当たらない場所であっても熱中症は起こります。飲み水がなかったり、肥満、高齢や幼齢の場合、熱中症になりやすくなります。

野生のヨツユビハリネズミは暑い時期(乾季)に「夏眠」をすることが知られていますが、決して炎暑下で休んでいるわけではありませ

応急手当　低体温症

低体温状態から早く回復させたいと思っても、焦らずにゆっくり時間をかけて暖めるようにしてください。ペットヒーターがなければペットボトルにお湯を入れて湯たんぽを作ってもいいでしょう。熱すぎないよう気をつけてください(体温より少し高いくらいの温度が適切)。人の体温で暖める方法を紹介している海外の飼育書もあります(タオルなどにくるんで着ている服の中に入れる)。

自分から飲むことができるなら、温めたイオン飲料を少量飲ませてもいいでしょう。誤嚥を避けるため、強制的に飲ませるのはやめておいたほうが安全です。

暖かくしてもまだぐったりしているようなら、かなり状態が悪いか、ほかの病気が原因かもしれません。動物病院で診察を受けてください。

ん（19ページ参照）。ところが飼育下で、真夏にエアコンをつけていない室内（車中なども同様）は、おそらく野生下よりも過酷な環境だと考えられます。すごしやすい場所に逃げることもできません。熱中症には十分に注意してください。

熱中症になると、だらっとして横になっている、耳が赤い、よだれが多い、呼吸が荒かったり口を開けて呼吸をしている、体を触るといつもより熱いといった症状がみられます。ひどくなるとけいれん、昏睡状態になり、死亡することもあります。

早急に体を冷やして体温を下げる必要があります。脱水症状になっているときは点滴をします。

応急手当　熱中症

涼しい場所に移動させ、水で絞った濡れタオルをビニール袋に入れたもので体を包んで冷やします。早く体温を下げようと思って氷水のような冷たい水で冷やしたりすると一気に体温が平熱よりも下がってしまい、かえって危険です。太い血管が通っている鼠径部や脇の下を冷やすといいでしょう。

イオン飲料を飲ませるのもいいことですが、誤嚥は避けなくてはなりません。自分から飲もうとするとき以外は口を湿らせる程度にしましょう。

体を冷やしているうちに回復しても、点滴治療が必要なこともあるので、念のため動物病院で診察を受けると安心でしょう。

ぐったりして意識がないようなら、体を冷やしながら動物病院へ行ってください。

なお、熱中症以外の病気でもぐったり横たわっていることはありますが、高温多湿で風通しの悪い部屋で飼っているなら熱中症を疑ってください（いずれにせよ、ぐったりしているなら動物病院で診察を受けましょう）。

夏も冬も温度管理が大事!!

肥満

　肥満は病気ではありませんが、さまざまな病気を引き起こす一因となったり、病気の治療がやりにくくなるなど、多くの問題をはらんでいます。肥満はペットのハリネズミにとてもよくみられます。丸々と太ったハリネズミは一見、とてもかわいらしいですが、過度な太りすぎには注意しなくてはなりません。遺伝的に太りやすいケースもありますが、ほとんどは適切な飼育によって防ぐことができます。

肥満のリスク

● 脂肪肝、高脂血症、心臓疾患、腎臓疾患、糖尿病などになりやすい。
● 熱中症になりやすい（過剰な脂肪のために体熱が放散されにくい）。
● 皮膚疾患を起こしやすい（セルフグルーミングがうまくできなかったり、たるんだ皮膚がひだ状になり、湿っぽくなる）。
● 歩行するさいに腹部が床に接触しやすいので、特にオスでは床材で陰茎を傷つけることがある。
● 体を支えている関節や骨への負担が大きくなる。
● 麻酔のリスクが高くなる（心臓や肺に負担がかかる、覚めにくい、手術に時間がかかるなど）。
● 免疫力が低下する。
● 健康チェックや触診がしにくい（皮下脂肪が邪魔になる）。

肥満のみきわめ

　太りすぎもよくありませんが、痩せすぎているのも問題です。無理に痩せさせたりしないよう、肥満かどうかをよくみきわめることが大切です。犬や猫の体型を判断する指標に「BCS（ボディ・コンディション・スコア）」というものがあります。1（重度の削痩）から5（肥満）に分かれ、肥満には「体重は理想体重の123〜146%」「肋骨は厚い脂肪におおわれていて非常に触りにくい」「いちじるしい脂肪沈着で腹部がたれさがる」「上から見ると背中がいちじるしく広い」などの目安があります。

　ハリネズミの場合には、以下のような点で確認してみるといいでしょう。

ハリネズミの肥満度チェック

☐ 標準的な体型では腹部はそれほど目立たないが、腹部が針のある背中からはみ出てボテッとした印象がある。
☐ 標準激な体型では、上から見たときの体型は「しずく型」だが、非常にふくらんだしずくになっている。
☐ 腹部の脂肪がじゃまをして、しっかりと丸まることができない。
☐ 唾液塗りをしたり、体を掻いたりすることがうまくできない。
☐ 首まわりや前足の付け根に、二重顎のように脂肪がたまる。
☐ 健康的な体型をしているときよりも明らかに体重が増えている。

注：ハリネズミ体重は個体差がとても大きいので、一般的な標準体重から外れていても健康的な体型の場合もあります。

体重のコントロール

一晩に3～4km歩き回りながら必死に食べ物を探している野生のハリネズミに比べると、飼育下のハリネズミは「寝床から出たら目の前に栄養価の高いご飯がある」という暮らしをしています。また、嗜好性の高い食べ物（栄養価も高いのが一般的）は、ハリネズミとのコミュニケーション手段として非常に重宝なものです。このように、食べる量・質（摂取カロリー）が運動量（消費カロリー）よりも多いことが肥満の最大の原因です。太ると体を動かすのもおっくうになるのでますます太ってくるという悪循環に陥ります。

食事内容を見直しましょう。量を減らすのではなく、「質」を改善してください。脂肪分や糖質の多すぎる食べ物を与えすぎていないでしょうか。低脂肪なフードに切り替えることも必要です（切り替えは徐々に行ってください）。

また、一気に食べてあとは寝ている、といったことがないように何度かに分けて食事を与えたり、部屋のあちこちに食器を置いて動く距離を増やすなど、与え方にも工夫をしてみましょう。運動量を増やすには、ケージを広くする、回し車やトンネルなどのおもちゃを与える、部屋で遊ばせる時間を増やすといったことのほか、生きた昆虫類を与えて「狩り」をさせるのもひとつの方法です。

ダイエット時の注意点

しっかりとした肉づきをしているのが適正な体型です。痩せすぎもよくありません。ダイエットは定期的に体重を測り、便の状態も確認しながら徐々に行いましょう。絶食をさせるような方法はとらないでください。

また、フードを低脂肪なものなどに切り替えるときは、急に新しいフードだけを与えるようなことはせず、以前のフードに少しずつ新しいものを混ぜていくようにし、徐々に切り替えるようにしてください。急に目新しい食べ物を与えると食べなくなることがあります。

なお、急に「太ったな」と感じる場合、腹水や胸水（なんらかの病気の影響で腹腔や胸腔に水がたまること）、メスなら妊娠の可能性もあります（1匹だけを飼っていても、ペットショップにいる間に妊娠していたというケースもあります）。実際に太りすぎなのか、ダイエットが必要なのかといった判断や、現時点での健康状態を動物病院で診てもらうと安心です。

過度に太りすぎている個体

動物病院で行われる検査と麻酔

私たち人間が健康診断や人間ドックなどでさまざまな検査を行うように、動物病院でも動物の健康状態を知るためにさまざまな検査が行われています。大きく分けると、一般的な身体検査と、もっと詳しい情報を得るための臨床検査のふたつがあります。

一般的な身体検査には、体重測定や検温、問診（動物の歳や性別など基本情報や日頃の飼育管理、病歴、体調などを飼い主が獣医師に伝える）、視診（外から見てわかる部分の診断。皮膚や口の中、動き方など）、触診（腫れやしこりの有無など、体に触れて診断する）、聴診（心臓の鼓動や呼吸音を聴診器で聴く）などがあります。

臨床検査には、尿検査、糞便検査、血液検査（白血球の数などを調べる）・生化学検査（成分を調べる）など動物の体から検査材料を得て検査するものと、レントゲン検査、超音波検査などの検査があります。

こうした検査によって得られた情報によって、健康状態や現在体の中で起きている異変について詳しく知ることができるのです。

ところが通常、ハリネズミは検査に協力的ではなく、動物病院ではいつも以上に警戒して丸まってしまうことが多々あります。そうなると、ほとんど行える検査がなくなってしまいます。無理に検査を行うのはストレスも大きく、正常な検査データが得られないこともあります。レントゲンのようにじっとしている必要がある検査もあります。そのため、ハリネズミの検査は麻酔下で行うこともよくあります。

有益な情報が得られる一方、麻酔にはリスクもあるので、獣医師からよく説明を受けたうえで行うといいでしょう。

プラケース内で麻酔の導入を行う

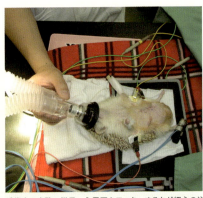
手術中の麻酔の様子。心電図をモニターするなど細心の注意のもとで行われる

人と動物の共通感染症

「人と動物の共通感染症」とは

　感染症とは、病原体（細菌、ウィルス、真菌や内部寄生虫など）が体内に侵入することによって起こる病気のことをいいます。感染症の病原体は、さまざまな経路で生き物から生き物へと感染します。世界中には多くの感染症が存在していますが、その多くは「人と動物の共通感染症」です。

　人と動物の共通感染症は、WHO（世界保健機構）によって「人と人以外の脊椎動物の間で自然に移行する病気または感染」と定義されています。人畜（人獣）共通感染症とも呼ばれます。人の健康を守る立場からは「動物由来感染症」という言い方もあります。

　WHOが重要と位置づけている共通感染症約200種のうち、日本で問題となっているのは数十種類ですが、世界中の行き来が容易になってきた昨今、それまで日本になかった共通感染症についても注意すべきと考えられています。

　共通感染症としてよく知られているものには、狂犬病、オウム病、エキノコックス症、レプトスピラ症、パスツレラ症や、ペスト、野兎病、SARS（重症急性呼吸器症候群）などたくさんのものがあります。

　ペットに関しては2005年から「動物の輸入届出制度」が制定されています。ハリネズミについては、輸入業者は輸入にあたって衛生証明書を添付した届出書の提出をしなくてはなりません。衛生証明書は、その動物が感染症に関しては安全であるということを輸出国の政府機関が証明したもので、該当する感染症は狂犬病です。

注意すべき共通感染症の種類

ハリネズミが共通感染症の感染源になることはありえます。海外では野生捕獲のヨツユビハリネズミの事例や、実験上ヨツユビハリネズミに感染が可能であると報告されている病気には野兎病、Q熱、口蹄疫、クリミア・コンゴ出血熱、ヘルペスウィルス感染症などがあります。狂犬病は、ヨーロッパでの事例が1件報告されています（ハリネズミの種類不明）。しかし現在、日本に野生捕獲のハリネズミが輸入されることはなく、また、輸入届出制度による水際対策が行われているので、こうした感染症について不安に思うのは現実的ではないといえます。

実際に日々、ハリネズミの世話をしているなかで、頭に入れておいたほうがいいのは右の共通感染症です。

● 真菌症

感染しているハリネズミや、汚染された床材などに触れることで感染します。*Trichophyton mentagrophytes* var. *erinacei* という種類の毛瘡白癬菌（いわゆる水虫菌）がペットのヨツユビハリネズミから人に感染することが知られています。

人に感染すると、赤みがあって隆起していない発疹ができたり、丸い形の脱毛などがみられます。

● サルモネラ症

サルモネラ菌は、便に混じっています。便や、汚染された床材などを触ったあと、なにかのはずみで手指をなめたりすると、経口感染します。人に感染すると腹痛や下痢を起こします。

ハリネズミとアレルギー

動物のフケや毛、尿、唾液などが人のアレルギーの原因（アレルゲン）となることがあります。犬や猫、うさぎなどは、事前に抗体検査をしてアレルギーの可能性を調べることができますが、ハリネズミについての抗体検査はできません。もともとアレルギーやアトピーがある方は、ペットアレルギーが起こる可能性は高いといえます。ハリネズミを飼い始めてから頻繁なクシャミや鼻水、かゆみなどのアレルギー症状がみられるようになったら、アレルギー専門の病院で診察を受けてください。多くの場合、世話をするときに手袋やマスク、ゴーグルをする、掃除をこまめにして空気清浄機を使う、生活空間を分けるなどの対応で、ハリネズミと一緒に暮らすことは可能です。皮膚が過敏だとハリネズミの針に触ったあとで一過性のかゆみ、じんましんのような症状が出ることもあるので、そのような人は必ず手袋を使うようにしてください。ただし、ひどい喘息が出るなど症状が深刻な場合には、新しい飼い主を探すことも検討したほうがいいかもしれません。

なお、床材にはえたカビがアレルゲンになっているなど、ハリネズミ以外が原因の場合もあります。

共通感染症の予防

　前述のようにハリネズミから感染する可能性をもつ病気も存在しますが、人と人の間で感染する病気もたくさんあります。決してハリネズミが汚いというわけではないことを理解してください。常識的で適切な飼育管理を行っていれば、共通感染症は予防することができます。

〈迎えるとき〉
■　衛生的なペットショップから健康な個体を迎えましょう。
■　2匹めを迎えるときは検疫期間を設けるようにしましょう。

〈日々の飼育管理とコミュニケーション〉
■　ハリネズミが健康でいられるよう、適切な飼育管理を行いましょう。こまめに掃除をし、衛生的な環境を心がけます。
■　乾いた便であっても、素手で拾うのはやめましょう。
■　部屋で遊ばせたあとは十分に掃除をしましょう。
■　病気の早期発見を心がけ、必要な場合は治療を行いましょう。
■　複数のハリネズミを飼っているなかに感染症を発症している個体がいるときは、病気ではないハリネズミから先に世話をするようにしましょう。
■　感染症のハリネズミを触ったあとでほかのハリネズミを触るときは、必ずよく手を洗ってください。

■　世話や遊んだあとは、よく手を洗い、うがいをしましょう。特に小さな子どもとハリネズミを触れ合わせたあとは、十分な手洗いをさせてください。
■　キスしたり口移しで食べ物を与えるなど濃厚な触れ合いは避けましょう。
■　ハリネズミと遊びながらものを食べるのはやめましょう。
■　噛まれたりしないよう、注意しましょう。

〈飼い主の健康管理〉
■　免疫力を高めるため、自分の健康管理もしっかり行いましょう。
■　高齢者や小さな子どもは免疫力が低いので特に注意してください。
■　自分が病気をしているときなど免疫力が落ちているときは、できれば他の家族に世話を代わってもらうなどするといいでしょう。

　なお、今現在、人からハリネズミに感染する病気は知られていませんが、よそで動物と触れ合ってきたときなどに、飼い主が感染症を媒介してしまう可能性があります。外から帰ったらよく手を洗ったあとでハリネズミとふれあうようにしてください。

お互い健康でいようね！

ハリネズミの看護

看護にあたって

ハリネズミが病気になったときは、動物病院で受ける治療とともに家庭での看護もとても大切です。よりよい看護の環境を整えましょう。

安静で快適な環境づくり

なによりも安静な環境が第一です。ケージのまわりでは騒音や振動に注意してください。ケージに布をかけ、薄暗くしておくのもいいことです。また、暑すぎたり寒すぎたりするとハリネズミの体力を奪うので、適切な温度になるよう調整しましょう。自力で動けないような個体をペットヒーターの上にそのまま寝かせていると、低温やけどをするおそれがあります。フリースを厚く敷いてその上に寝かせるなど注意しましょう。

具合が悪いと心配で、何度も声をかけたりかまったりしがちですが、かまいすぎはいつも以上にストレスになるので、必要なケアのほかは静かに寝かせてあげましょう。

● 行動制限が必要なとき

骨折をしていたり心臓疾患があるなど行動制限が必要なときは、狭いケージに最低限の飼育グッズだけを置き、回し車は取り外すようにしてください。

● 呼吸困難があるとき

肺炎などで呼吸困難があるときの対応として、「酸素室」があります。かかりつけの獣医師と相談し、必要があれば用意しましょう。

ペット用の酸素室をレンタルしている業者もあるので、利用するのもいいでしょう。動物を入れる酸素室と（ケージのまま入れることもできる）、適切な濃度の酸素を送り込む酸素濃縮器のセットになっているのが一般的です。

一時的には、水槽などの上部をビニールで覆い、携帯酸素の噴出し口を差し込む穴を四隅のどこかに開け、酸素を送り込みます。その反対側の隅にもいくつか小さな穴を開けることで、酸素が全体にいきわたるようになります。酸素濃度は濃すぎてもよくありませんから、様子を見ながら行います。

● 外傷があったり感染症のとき

傷口からの細菌感染や、感染症の再感染を防ぐため、特に衛生的な環境を心がけてください。

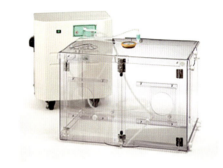

ペット用酸素ハウス（テルコム株式会社）
小型ケージ（W60×D40×H40cm）と酸素濃縮器のセット

尿漏れや下痢をしているとき

床材や寝床にしている布などをこまめに交換し、汚れたところで寝ていることのないようにしましょう。また、下腹部が便や尿で汚れたままにしておくと皮膚炎を起こしたりするので、清潔にしておく必要があります。ただし体力が落ちているときに体を洗うのは危険なので、汚れがこびりついて取れにくくなる前に、固く絞った暖かい濡れタオルで拭きとるなどのケアをしましょう。

食事を与える

病気でも食欲が変わらないこともあれば、食べてくれなくなることもあります。体力を維持するためにも、食事をきちんと摂れるような工夫をしてください。

● 食欲がないとき

歯などに問題がなく、普通の食事が食べられるはずなのに食べないときは、食欲増進の工夫をしましょう。大好きな食べ物を少し混ぜたり、ふやかしたフードやウェットフードは少し温めるとにおいが強くなって食欲にはずみがつくこともあります。少量でも高カロリーなものをメニューに加えるのもいいでしょう。

歯や口腔の病気で口の中に痛みがあるときは、ふやかしたフードやウェットフードなど、柔らかくて食べやすいものを用意します。

● 強制給餌

どうしても食欲が出ないときや、寝たきりや麻痺のために食事を摂る体勢が取れないときなどは、強制給餌を行う必要があります。針なしシリンジ(動物病院で入手可)や市販のペット用注入器、フードポンプを使います。

ペット用注入器

高濃度の液状流動食

自分で食べようとする意欲があるなら、スプーンで与えることもできます。

与えるときはハリネズミの体をタオルでくるむようにして動きを制限し、シリンジの内容物を少量ずつ口の中に入れ、自力で飲み込むのを待ってください。誤嚥しないよう十分に注意してください。

〈強制給餌メニューの一例〉

■ ドライフードをごく細かく砕き、ペットミルクやぬるま湯で溶いたもの。
■ ウェットフードをペットミルクやぬるま湯でのばしたもの。

[注意]
乳糖が分解しやすいといわれるヤギミルクを使う場合でも、初めてのときはごく少量ずつ与え、下痢をしないか様子を見てください。

■ 犬猫用の高カロリー栄養食(流動食)
例:クリニケア、チューブダイエットなど
■ 人用の栄養サポート食(流動食)
例:アイソカルプラス
■ ダックスープ(もともとフェレットのために飼い主が開発。基本のダックスープは、アイソカルなどの栄

養サポート製品、水でふやかしたドライフード、水、オプションでチキンやバナナといった材料をすべてミックスして、ミキサーで流動食にしたもの。飼い主によってレシピは多少異なる)

■ 好物の副食をすりつぶして、ペットミルクや高カロリー栄養食などでのばしたもの。
■ 犬猫用の療法食(動物病院で入手する)
例：高栄養パウダー(ロイヤルカナン)、a／d(ヒルズ)など

◯ 水を飲ませる

水分の摂取もとても大切です。自分で飲めない場合は、針なしシリンジで適宜、与えるようにしてください。脱水状態になっているようなときは、水を飲ませるより、動物病院で補液をするほうが効果的です。

薬の与え方

動物病院で処方された薬は、獣医師の指示通りに使いましょう。一見、病気が治ったように見えてからもしばらく飲み続けるような薬もあります。処方内容に疑問や不安があるなら必ず獣医師に相談し、勝手な判断で投薬をやめたり、飲ませる量を増やしたりしないでください。

飲み薬は、錠剤の場合はピルクラッシャー(錠剤をつぶして粉末にする道具)などで粉末状にします。ハリネズミが気にせず食べるなら、嗜好性の高い柔らかいフードや副食に混ぜて与えます。自分から食べてくれないときは、少量の無添加のジュースなどに混ぜ、強制給餌と同様の方法で飲ませます。

塗り薬や点眼薬は、好物を与えて食べている間につけるといいでしょう。

高齢ハリネズミのケア

個体差はありますが、高齢になると体のさまざまな機能が衰えてきます。年をとるのを止めることはできませんが、どんな変化があるのかを知り、注意してケアを行いましょう。個体差はありますが、目安としてハリネズミが3〜4歳くらいになったら、そろそろ高齢を意識しはじめましょう。

高齢になるとみられる体の変化

■ 五感が徐々に衰えます。ハリネズミがこちらに気づいていないときに急に触ってびっくりさせないよう気をつけましょう。
■ 恒常性(体温調節、ホルモン分泌、自律神経など)を維持しにくくなり、温度変化についていけなくなったり(低体温症や熱中症になりやすい)、体調を崩しやすくなります。
■ 骨量が減少し、骨が弱くなります。
■ 歯や顎の力が弱くなると、硬いものを食べにくくなります。食欲や体重、体格をチェックし、痩せてくるようなら、食べやすいものや、少量でも栄養価の高いものを与えましょう。
■ 免疫力が衰えて、病気に感染しやすく

なったり、治りにくくなります。

■ 老齢性の白内障、腫瘍、心筋症、腎臓疾患、歯周病などの病気にかかりやすくなります。

■ 運動能力が衰え、回し車をあまり使わなくなったり、若いときは気にならなかった段差の昇り降りが大変になったりします。寝ている時間も多くなります。

■ 運動量が減るために体重が増加するケースもあります。食事の総量は減らさず、低カロリーなものを与えるようにします。

高齢ハリネズミの飼育管理

高齢ハリネズミの世話をするうえで心がけたいのは、急激な環境の変化を避け、穏やかで落ち着いた暮らしができるようにすることです。段差のあるケージレイアウトはフラットなものにしたほうがいいですが、目に見えて高齢になる前に変更してください。五感が衰えてから環境が変わると順応するのに時間もストレスもかかります。

食事は個体差も大きいものです。高齢になっても変わらずに食べている子もいれば、歯の衰えなどで採食量が減る子もいます。フードの種類を切り替えるときは徐々に変更するようにしてください。

182〜183ページも参考に、よりよい環境作りを心がけ、ハリネズミに幸せな老後を提供してあげましょう。

高齢ハリネズミとの暮らしには、飼い主の心がまえもとても大切です。トイレの位置を忘れても叱ったりしないでください。食事の用意に時間がかかったり、体を汚して拭いてあげることも増えるかもしれませんが、ハリネズミが長生きしてくれているからこその高齢ケアです。そのことを喜びとして、おおらかに接してほしいと思います。

高齢になるとみられる体の変化

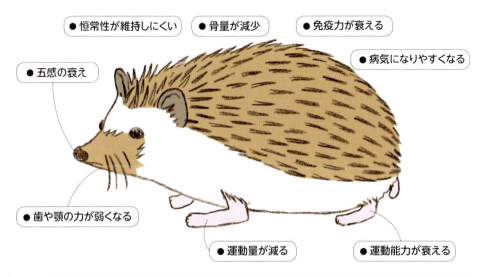

早く気づいてね

ハリネズミの病気　早見表

歯の病気

症状	病名	掲載ページ
硬いフードを食べなくなるなど食べ方の変化	歯周病	P157
	歯の咬耗・破折	P158
口元を気にする	歯周病	P157
	歯の咬耗・破折	P158
	フードなどが口蓋にはさまる	P158
歯の変色、歯肉が腫れる、歯が抜けるなど	歯周病	P157
下顎が腫れる、涙目、眼の突出など	歯根膿瘍	P158

皮膚の病気

症状	病名	掲載ページ
フケ、脱毛、激しいかゆみなど	ダニ症	P159
丸い脱毛、ふけ、かさぶた、耳介のかさつきなど	真菌症	P161
腹部の皮膚の赤み、かゆがるなど	アレルギー性皮膚炎	P161
皮膚が赤くなる、かさぶた、膿がたまるなど	細菌性皮膚炎	P162

耳の病気

症状	病名	掲載ページ
耳垢がたまる、かゆみなど	耳ダニ症	P160
耳の汚れ、耳だれ、におい、かゆみなど	外耳炎	P161

目の病気

症状	病名	掲載ページ
眼球が飛び出る	眼球突出	P163
涙目、目やに、角膜の白濁、結膜の充血など	角膜潰瘍、結膜炎	P163
目が白くなる	白内障	P163

呼吸器の病気

症状	病名	掲載ページ
鼻水、頻繁なくしゃみ、鼻からの気泡など	鼻炎	P164
咳、全身を使うように呼吸、呼吸音の異常、呼吸困難など	気管支炎・肺炎	P164

消化器の病気

症状	病名	掲載ページ
下痢	不適切な食事、細菌感染など	P166
緑色便	ストレス、食事の急変など	P166
便が少なくなったり小さくなる、硬くなる、出にくそう、出ない	便秘	P166
便が出ない、元気がなくなる、お腹にガスがたまるなど	消化管の閉塞	P167
元気や食欲がなくなる、黄疸、痩せてくる、神経症状など	脂肪肝（肝リピドーシス）	P167

*この表には代表的な症状と病名を挙げています。
*ここに載っている症状や病気がすべてではありません。ハリネズミの具合が悪いと思ったときは自己判断せず、動物病院で診察を受けてください。
*元気がない、食欲がないなどは、多くの病気でみられる非特異性の症状もあります。

泌尿器の病気

症状	病名	掲載ページ
血尿、尿量が減る、頻尿、尿漏れ、排尿時の痛みなど	膀胱炎	P168
	尿石症	P168
全身状態が悪くなる、元気や食欲がなくなるなど	急性腎不全	P168
血尿、むくみ、食欲がなくなる、尿量が減るなど	慢性腎不全	P168

生殖器の病気

症状	病名	掲載ページ
生殖器からの出血など	子宮の腫瘍	P155
膣からの分泌物、お腹がふくれるなど	子宮蓄膿症	P169
陰茎を気にする	包皮炎	P169

神経の病気

症状	病名	掲載ページ
丸くなれない、後ろ足の運動失調、ふらつき、麻痺など	ハリネズミふらつき症候群	P170

全身の病気

症状	病名	掲載ページ
しこりや腫れ物など	腫瘍	P155

外傷

症状	病名	掲載ページ
足を引きずる、足をつかないようにしている、腫れや出血など	骨折	P172
皮膚の裂傷など	噛み傷	P172
糸くずなどが指や手足にからまる、患部を気にする、歩きにくそうにするなど	絞扼	P172
爪からの出血	深爪	P173

そのほかの病気

症状	病名	掲載ページ
呼吸が早い、体全体を使うように呼吸する、呼吸困難、腹水など	拡張型心筋症	P173
背中を触ると痛がる、足を引きずるなど	変形性関節炎・椎間板ヘルニア	P173
体温が下がる、動きが鈍くなる、呼吸数が少なくなるなど	低体温症	P174
だらっと横になる、耳が赤い、よだれが多い、呼吸が荒い、開口呼吸など	熱中症	P174

お別れのとき

ハリネズミを飼っていればいつか必ずお別れのときがやってきます。そのときには、縁あって出会えたことや、楽しい時間をともにすごせたことに感謝し、「ありがとう」と送り出してあげてほしいと思います。そして機会があれば、どんな飼い方をしていたのかなど、ハリネズミとの思い出や飼育経験を次の世代のために残していってほしいと思います。

ペットを失った喪失感のことを「ペットロス」といいます。ペットロス症候群という言葉がありますが、ペットロスは程度の差はあれ誰もが必ず体験することであって、決して病気ではありません。悲しみで涙が止まらなくてもそれはおかしなことではありません。自分の感情に無理に蓋をしないでください。時がたてば、亡くした子のことを笑顔で思い出せる日が来るはずです。

〈お別れの方法〉

亡くなったハリネズミとのお別れの方法は、自分が納得できるものを選んでください。自宅の庭なら、お墓を作ることができます。野良猫などに掘り起こされないよう深く埋めてください。なお、公園や山林などの公有地や他人の私有地に埋葬するのは違法です。在住地の自治体で引き取りをしているケースもありますが、ほかの廃棄物と一緒に焼却するなど自治体によって異なるので確認してください。

ペット霊園を利用する方法もあります。個別火葬・個別埋葬、合同火葬・合同埋葬など形式はさまざまです。お骨を納骨せず持ち帰って自宅で供養する方法もあります。冷静に検討できるよう、ハリネズミが元気なときに調べておいたほういいかもしれません。

参考文献

- 赤羽良仁・高見義紀(2014)「はじめてみる動物の診療アプローチ1　ハリネズミ」『エキゾチック診療』6(1)
- 今泉吉典監修・D.W.マクドナルド編(1986)『動物大百科6　有袋類ほか』平凡社.
- 環境省自然環境局総務課動物愛護管理室"人と動物の共通感染症に関するガイドライン",<http://www.env.go.jp/nature/dobutsu/aigo/2_data/pamph/infection/guideline.pdf>,[2016年5月10日アクセス].
- 環境省自然環境局野生生物課"特定外来生物の解説：ハリネズミ属の全種",<http://www.env.go.jp/nature/intro/1outline/list/L-ho-02.html>,[2016年1月6日アクセス].
- 厚生労働省"動物の輸入届出制度について",<http://www.mhlw.go.jp/bunya/kenkou/kekkaku-kansenshou12/index.html>,[2016年4月23日アクセス].
- 斉藤聡(2014)『エキゾチックアニマルのケア』インターズー.
- 鈴木欣司(2005)『日本外来哺乳類フィールド図鑑』旺文社.
- 千葉大学真菌医学研究センター"ハリネズミからとれた水虫菌",<http://www.pf.chiba-u.ac.jp/medemiru/me03.html>,[2016年4月23日アクセス].
- 霍野晋吉(2012)『カラーアトラス　エキゾチックアニマル哺乳類編』緑書房.
- 三輪恭嗣監修・大野瑞絵(2009)『ザ・ハリネズミ』誠文堂新光社.
- 三輪恭嗣(2014-2015)「ハリネズミ治療メソッド」『エキゾチック診療』6(3)-7(4),インターズー.
- About.com "Hedgehogs",<http://exoticpets.about.com/od/hedgehogs/>,[2015年11月2日アクセス].
- Alicia Haefele(2015) 『Hedgie Love: Spreading the love one quill at a time - A care guide for African Pygmy Hedgehogs [Kindle版]』Booktango.
- Devra G. Kleiman・Valerius Geist・Melissa C. McDade 編(2003)『Grzimek's animal life encyclopedia, 2nd ed, Volume 9』Gale Group.
- Don E. Wilson・Deeann M. Reeder 編(2005)『Mammal Species of the World: A Taxonomic and Geographic Reference』Johns Hopkins Univ Press.
- Dreamflower Meadows "Hedgehog Varieties",<http://dreamflowermeadows.com/african-pygmy-hedgehogs/about-hedgehogs/hedgehog-colors/hedgehog-varieties/>,[2016年8月14日].
- Elliott Lang(2013)『African Pygmy Hedgehogs and Hedgehogs [Kindle版]』IMB Publishing.
- Emma Rishworth(2015)『The Ultimate Pygmy Hedgehog Guide Book: Perfect for anyone looking to own, breed and care for African Pygmy Hedgehogs [Kindle版]』Emma Rishworth.
- FaunaClassifieds"General Outline of Nutritional Content of Feeder Animals",<http://www.faunaclassifieds.com/forums/showthread.php?t=54508>,[2015年8月20日アクセス].
- Hathai Ross(2014)『How to Keep an Amazing Hedgehog Pet. Featuring 'The African Pygmy Hedgehog' !!: Everything you Need to Know, Including, Hedgehog Facts, Food, Cages, Habitat and More [Kindle版]』Greenslopes Direct Publishing.
- Hedgehog Central "Hedgehog Central",<http://hedgehogcentral.com/>,[2015年8月30日アクセス].
- Hedgehog World "Hedgehog World",<http://www.hedgehogworld.com/>,[2015年8月30日アクセス].
- Human Ageing Genomic Resources "AnAge:The Animal Ageing and Longevity Database",<http://genomics.senescence.info/species/>,[2015年11月15日アクセス].
- International Hedgehog Association "International Hedgehog Association",<http://hedgehogclub.com/>,[2015年8月30日アクセス].
- International Union for Conservation of Nature and Natural Resources "The IUCN Red List of Threatened Species",<http://www.iucnredlist.org/>,[2016年4月20日アクセス].
- James W. Carpenter・Dana Lindemann "Diseases of Hedgehogs",<http://www.merckvetmanual.com/mvm/exotic_and_laboratory_animals/hedgehogs/diseases_of_hedgehogs.html>,[2016年5月20日アクセス].

- Joni B. Bernard、Mary E. Allen "Feeding captive insectivorous animals:nutritional aspects of insects as food(Nutrition advisory group handbook) ",<http://www.nagonline.net/Technical%20Papers/NAGFS00397Insects-JONIFEB24,2002MODIFIED.pdf>,[2015年8月20日アクセス].

- Katherine Quesenberry、James W. Carpenter(2003『Ferrets, Rabbits and Rodents: Clinical Medicine and Surgery Includes Sugar Gliders and Hedgehogs(2nd edition)』Saunders.

- Kimberly Goertzen(2012)『Pet African Hedgehogs - A Complete Guide To Care』Lulu.com.

- Madarame H・Ogihara K・Kimura Mほか(2014)「Detection of a pneumonia virus of mice (PVM) in an African hedgehog (Atelerix arbiventris) with suspected wobbly hedgehog syndrome (WHS).」『Veterinary Microbiology』173(1-2).

- Matthew M. Vriends(2000)『Hedgehogs (Pet Owner's Manual)』Barron's Educational Series Inc.

- Midwest Bird & Exotic Animal Hospital "African Hedgehog",<http://www.midwestexotichospital.com/hedgehogs.html>,[2016年4月18日アクセス].

- Millermeade Farm "Hedgehog Headquarters",<http://hedgehogheadquarters.com/index.htm>,[2015年10月25日アクセス].

- Nigel Reeve(2002)『Hedgehogs』Poyser. North American Hedgehog Registry

- North American Hedgehog Registry "North American Hedgehog Registry",<http://hedgereg.tripod.com/>,[2016年4月10日アクセス].

- Pat Morris(2006)『The New Hedgehogs Book』Whittet Books Ltd.

- Sarah Yee(2014)『Hedgehog Care: The Complete Guide to Hedgehogs and Hedgehog Care for New Owners (Hedgehog Books Hedgehog Guide Pet Hedgehogs Book 1) [Kindle版]』Amazon Services International, Inc.

- Small Animal Channel "Hedgehogs",<http://www.smallanimalchannel.com/hedgehogs/>,[2015年12月20日アクセス].

- Sue. Paterson・小方宗次監訳(2008)『エキゾチックペットの皮膚疾患』文栄堂.

- Susan Horton, DVM "General Care of Hedgehogs"<http://www.exoticpetvet.com/breeds/hedgehog.htm>,[2015年11月10日アクセス].

- University of Michigan "Animal Diversity Web",<http://animaldiversity.ummz.umich.edu/site/index.html>,[2016年4月20日アクセス].

● 謝辞 ●

ありがとうございました

「ハリネズミ完全飼育」の作成にあたり、多くの飼い主の皆様より画像提供、情報提供をしていただきました。心より感謝申し上げます。

しほ&シュウタ　TAIGA&ココ・もぐ　しろまろ&栗まる・雪　milk&ベビーず　ハリーママ&ちゃっぴー・琥珀・ハリーさん　はる&とうふ・おから・きぬちゃん　浦野晶子&チップ・ハルちゃん　輝美&うにまる・のな　あにまる本舗@みれな&まめこ・さん・ゆう・しろ・はく　みおすけ&うに丼・天丼・うどん　鈴木カヲル&愛咲　ひめちゃんとbaby　多和志@ふーみん&多和志　夏目りく&樹風　mii&しらたま　まきはり&わさび・モンシロ　カキツラ&カキタス・つらら・くらら・きらら・デンペ・ジュリアン　かなりん&もきち・くるみ・はなび・みやび・ゆきち　UCO&おはぎ・わたげ　まい&まろ　あいこ&ポコ　柚彩&チョコ汰　メル&天　あつこ&スピネル　ゆこちん&ぷりん　misao&チョビ　あい_ハリネズミ&ベタ・ニケ　裕美&みみこ　どんどん&ヒク　さきこ&ブータロー・すぶた　なっちゃん&にこ　なつよ&はりー　穴&イワキ・ヤブキ　にこ&ピケ　かずP&ハナちゃん・モモちゃん　まゆ&もも　滝澤麻裕&おはぎ　すまいる&炭酸　mee&ぐり・ぐら　しぐ・にぐ・なぐ　まさじゅんすけ&ウニ　ひぃまる・しろ・まろ・ぽにょ・ぴこ・ぽこ　ちひろ&リリィ・ハク　のこ&Hally・Mog　shinobu&グルナッシュ　きょうこ&ハリちゃん・針太郎　みずくらげ&うに　杉本&シュガー　jun*&ちび太・シェーン・紬　シュクレ、みずぴょん&あんぎらす　まりこ&チョコ　真嶋勲&ちよちゃん・デサルモ・テンゼン・プリッシュ・アトリトゥトゥリ　カイさん&ティギー　くりぃむ&さいちゃん　さあちる&もんちゃん　愛&そにお　花梨&大福・白玉　ちゃんえり&サポ・アルフ　青ヒ&シンくん　しみやん&ビビ　たかちゃん&ハリ丸　こじょ&白樺　Moe&マロン・コロン・レモン　ゆきんこ&たわし（&全部で6匹）　いいこ&ポエ　ai&さくら・ちぇぶ　こんば&まるも　さえこ&麦チョコ　dosage&きゃらはん　whale@fly_shiny&姫・宙・ぺろ　ちこる&うに・ほたて・いくら　はりん&ちびる　KABU&はな　らべと&あやめ　やじさん&ハリ吉　佐田翔&雪飴・朱雪　mai&mocha　江つ虎&うに　清水ふみこ&ほっぺ・ブランシャ　ちま&ぽっけ　Yさん&ソニック・テイルス・ナックルズ・ライカー・データ・キット

（順不同・敬称略）

Perfect Pet Owner's Guides
飼育、生態、接し方、健康管理、病気がよくわかる

ハリネズミ 完全飼育

NDC079

2016年 12月10日 発行
2018年 7月 1日 第3刷

著　者	大野瑞絵
発 行 者	小川雄一
発 行 所	株式会社誠文堂新光社

〒113-0033　東京都文京区本郷3-3-11
（編集）電話 03-5800-5751
（販売）電話 03-5800-5780
http://www.seibundo-shinkosha.net/

印刷・製本　図書印刷株式会社

©2016,Mizue Ohno ／ Toshihiko Igawa
Printed in Japan

検印省略
万一乱丁・落丁本の場合はお取り換えいたします。
本書掲載記事の無断転載を禁じます。

本書のコピー、スキャン、デジタル化等の無断複製は、著作権法上での例外を除き禁じられています。本書を代行業者等の第三者に依頼してスキャンやデジタル化することは、たとえ個人や家庭内での利用であっても著作権法上認められません。

JCOPY　＜(社)出版者著作権管理機構 委託出版物＞
本書を無断で複製複写（コピー）することは、著作権法上での例外を除き、禁じられています。本書をコピーされる場合は、そのつど事前に、(社)出版者著作権管理機構（電話 03-3513-6969／FAX 03-3513-6979／e-mail:info@jcopy.or.jp）の許諾を得てください。

ISBN978-4-416-61542-3

著者プロフィール

著者
大野瑞絵（おおの・みずえ）

東京生まれ。動物ライター。「動物をちゃんと飼う、ちゃんと飼えば動物は幸せ、動物が幸せになってはじめて飼い主さんも幸せ」をモットーに活動中。著書に『よくわかるフェレットの健康と病気』『小動物 飼い方上手になれる！ ハリネズミ』『デグー完全飼育』（以上小社刊）、『調べる学習百科 くらべてわかる！ イヌとネコ』（岩崎書店刊）など多数。1級愛玩動物飼養管理士、ペット栄養管理士、ヒトと動物の関係学会会員。

監修
三輪恭嗣（みわ・やすつぐ）

みわエキゾチック動物病院院長。宮崎大学獣医学科卒業後、東京大学付属動物医療センター（VMC）にて獣医外科医として研修。研修後、アメリカ、ウィスコンシン大学とマイアミの専門病院でエキゾチック動物の獣医療を学ぶ。帰国後VMCでエキゾチック動物診療の責任者となる一方、2006年にみわエキゾチック動物病院開業。

写真
井川俊彦（いがわ・としひこ）

東京生まれ。東京写真専門学校報道写真科卒業後、フリーカメラマンとなる。1級愛玩動物飼養管理士。犬や猫、うさぎ、ハムスター、小鳥などのコンパニオン・アニマルを撮り始めて25年以上。『新・うさぎの品種大図鑑』『ザ・リス』『ザ・ネズミ』（以上小社刊）、『図鑑NEO どうぶつ・ペットシール』（小学館刊）など多数。

デザイン
下井英二／ HOTART

イラスト
サイトウトモミ

撮影協力
ペットショップ ピュア☆アニマル

写真提供
埼玉県こども動物自然公園
東京農業大学 野生動物学研究室
株式会社三晃商会
株式会社ファンタジーワールド
月夜野ファーム
テルコム株式会社